Java 程序设计项目化立体教程

主　编　郭学会　秦鹏珍　董海桃
副主编　史　媛　王　磊　孙伟俊
　　　　闫　梅
参　编　樊亚栋

北京理工大学出版社
BEIJING INSTITUTE OF TECHNOLOGY PRESS

版权专有　侵权必究

图书在版编目（CIP）数据

Java 程序设计项目化立体教程 / 郭学会，秦鹏珍，董海桃主编． -- 北京：北京理工大学出版社，2023.7
ISBN 978-7-5763-2679-6

Ⅰ．①J… Ⅱ．①郭… ②秦… ③董… Ⅲ．①JAVA 语言-程序设计-高等学校-教材 Ⅳ．①TP312.8

中国国家版本馆 CIP 数据核字（2023）第 143097 号

责任编辑：钟　博　　　文案编辑：钟　博
责任校对：周瑞红　　　责任印制：施胜娟

出版发行 / 北京理工大学出版社有限责任公司
社　　址 / 北京市丰台区四合庄路 6 号
邮　　编 / 100070
电　　话 / (010) 68914026（教材售后服务热线）
　　　　　(010) 68944437（课件资源服务热线）
网　　址 / http://www.bitpress.com.cn

版 印 次 / 2023 年 7 月第 1 版第 1 次印刷
印　　刷 / 北京广达印刷有限公司
开　　本 / 787 mm×1092 mm　1/16
印　　张 / 17.75
字　　数 / 393 千字
定　　价 / 72.00 元

图书出现印装质量问题，请拨打售后服务热线，负责调换

前言

随着物联网应用技术的发展，物联网得到了广泛的关注和应用，同时社会对物联网应用端开发技术员岗位的需求也不断增加。物联网应用端开发技术员岗位的任务是移动智能终端应用系统或者云平台的后台研发，研发所采用的语言偏向于 Java 语言，因此物联网应用端开发技术员应具有使用 Java 独立开发系统的经验，这种经验对于以实践应用为目标的高等职业院校学生尤为重要。因此，本书临摹企业案例，对企业案例进行教学改造，改造后的项目包含 Java 编程的完整动态知识点，符合教学实际。本书在编写时遵循项目引领、任务驱动的原则，采用活页式结构进行组织。本书可供高职高专信息类、通信类、自动化类专业教学使用。

Java 程序设计作为山西机电职业技术学院物联网应用技术专业的一门专业核心课程，在 2021 年立项为山西机电职业技术学院在线精品课程建设项目，之后本书编写团队成员经过一年的打磨制作，完成了教材编写、教学整体设计与单元设计、教学课件制作、微课资源录制、课程配套代码资源以及课程习题和课程试题库的编写等工作。该课程在 2022 年被确定为山西省职业教育在线精品课程，配套在线资源可直接访问网址 https://www.xueyinonline.com/detail/227085161 获取。

本书是对原有的国防工业出版社出版的《Java 程序设计项目化教程》的修订，本书修订后以物联网智能终端的开发为引线，以四个项目——"照明灯的设计""环境监测系统的设计""火灾报警系统的设计""智能家居系统的设计"深度融合 Java 语言知识点。本书由浅入深、循序渐进地铺开知识点，项目一、二、三为基础性项目，界面设计采用系统的 Java 标准输出，没有涉及数据库，项目四为综合性项目，将数据库、网络编程、界面设计等元素引入，完成了一个基本完整的智能家居系统的设计，读者可以通过对本书以及配套在线资源的学习后，模仿设计一个自己的智能家居系统。

本书由山西机电职业技术学院郭学会教授带领的团队完成编写，团队中各成员分工如下，郭学会编写项目四的任务 11～21，秦鹏珍编写项目一、项目二，孙伟俊编写项目三的任务 1、2，史媛编写项目三的任务 3～5，董海桃编写项目四的任务 1～4，王磊编写项目四的任务 5～8，闫梅编写项目四的任务 9、10。郭学会教授组织参编人员学习出版规范并对原有的讲义进行明确的编写分工，对书中的例题、实施任务代码重新校对，保证准确无误，对书中所融入的马克思主义哲学思想、遵纪守法等元素整体把关，并完成书稿内容的审核校对。

本书中的案例代码以及项目代码的编写耗费了编者大量的心血，有不足之处，敬请见谅并将意见反馈给编者。本书配套的软件资源 JDK、IDEA – C，以及教学资源中的整体设计、单元设计、模拟试卷库等请访问以下二维码获取。

编 者

目 录

项目一　照明灯的设计 ·· 1

　　任务 1　基础数据类的编程 ·· 2

　　　1.1.1　相关知识点解读 ··· 2

　　　　1. Java 的运行环境 ·· 2

　　　　2. 常量与变量 ··· 5

　　　1.1.2　任务实施 ·· 9

　　　　1. Java 环境的安装与配置 ··· 9

　　　　2. IDEA 的常见设置 ·· 12

　　　　3. 串口调试 ··· 12

　　任务 2　开/关灯功能的实现 ··· 14

　　　1.2.1　相关知识点解读 ··· 14

　　　　1. 输入/输出语句 ··· 15

　　　　2. switch 语句 ··· 16

　　　　3. 循环结构 ··· 16

　　　1.2.2　任务实施 ·· 18

　　　　1. 创建 LedDevice 接口 ·· 18

　　　　2. 创建类 LED ·· 18

　　　　3. 修改类 Main ··· 19

　　　　4. 运行程序 ··· 20

　　附：项目一"照明灯的设计"工作任务书 ··· 22

项目二　环境监测系统的设计 ··· 27

　　任务 1　基础数据类的编程 ·· 28

　　　2.1.1　相关知识点解读 ··· 28

　　　　1. 静态 ··· 28

- 1 -

　　　　2. 数组 ·· 31
　　2.1.2　任务实施 ·· 40
　　　　1. 任务准备 ·· 40
　　　　2. 环境光和尘埃颗粒传感器数据读取命令的测试 ·· 40
　　　　3. 基础数据类的编程 ·· 41
　任务 2　环境光和尘埃颗粒传感器数据读取的实现 ·· 42
　　2.2.1　相关知识点解读 ·· 42
　　　　1. 运算符和表达式 ·· 42
　　　　2. 分支语句 ·· 48
　　　　3. 字符串 ·· 49
　　2.2.2　任务实施 ·· 55
　　　　1. 传感器接口的实现 ·· 55
　　　　2. 传感器数据读取功能的实现 ··· 55
　　　　3. 主类的实现 ·· 56
　　　　4. 运行程序 ·· 57
　附：项目二"环境监测系统的设计"工作任务书 ··· 58

项目三　火灾报警系统的设计 ··· 63

　任务 1　基础数据类的编程 ·· 64
　　3.1.1　相关知识点解读 ·· 64
　　　　1. 异常 ··· 64
　　　　2. Java 异常处理机制 ··· 65
　　　　3. 异常处理——捕获异常 ·· 65
　　　　4. 用户定义异常 ·· 67
　　　　5. 获得异常信息 ·· 68
　　3.1.2　任务实施 ·· 68
　　　　1. 打开 Proteus 仿真电路 ·· 68
　　　　2. 打开 IntelliJ IDEA 2018.1.6 ·· 69
　　　　3. 新建包 ·· 69
　任务 2　火灾报警功能的编程 ··· 70
　　3.2.1　相关知识点解读 ·· 70
　　　　1. 类与对象的概念 ·· 70
　　　　2. 类的定义 ·· 71
　　　　3. 对象 ··· 73
　　3.2.2　任务实施 ·· 75
　　　　1. 报警灯开/关功能的实现 ··· 75

  2. 报警功能的实现 ………………………………………………………………… 75

任务 3　利用对话框实现人机交互 ………………………………………………………… 77
 3.3.1　相关知识点解读 ………………………………………………………………… 77
  1. 选项对话框 ………………………………………………………………………… 77
  2. 文件对话框 ………………………………………………………………………… 80
  3. 颜色对话框 ………………………………………………………………………… 81
 3.3.2　任务实施 ………………………………………………………………………… 82
  1. 利用对话框实现人机交互 ………………………………………………………… 82
  2. 运行程序 …………………………………………………………………………… 82

任务 4　注册、登录功能的实现 …………………………………………………………… 83
 3.4.1　相关知识点解读 ………………………………………………………………… 83
  1. 输入/输出流的概念 ……………………………………………………………… 83
  2. 字节流 ……………………………………………………………………………… 85
  3. 字符流 ……………………………………………………………………………… 87
  4. 数据流 ……………………………………………………………………………… 90
 3.4.2　任务实施 ………………………………………………………………………… 91
  1. 注册功能的实现 …………………………………………………………………… 91
  2. 登录功能的实现 …………………………………………………………………… 92

任务 5　判断用户是否合法 ………………………………………………………………… 92
 3.5.1　相关知识点解读 ………………………………………………………………… 93
  1. 成员方法 …………………………………………………………………………… 93
  2. 构造方法 …………………………………………………………………………… 95
 3.5.2　任务实施 ………………………………………………………………………… 96
  1. 注册登录 …………………………………………………………………………… 96
  2. 运行程序 …………………………………………………………………………… 97

附：项目三"火灾报警系统的设计"工作任务书 …………………………………………… 99

项目四　智能家居系统的设计 ……………………………………………………………… 108

任务 1　灯控制类的实现 …………………………………………………………………… 110
 4.1.1　相关知识点解读 ………………………………………………………………… 110
 4.1.2　任务实施 ………………………………………………………………………… 111
  1. 新建基础数据类 Data 和 Operation 接口 ……………………………………… 111
  2. 新建灯类 …………………………………………………………………………… 113

任务 2　风扇开关控制类的实现 …………………………………………………………… 115
 4.2.1　相关知识点解读 ………………………………………………………………… 115
  1. 方法的重载与覆盖 ………………………………………………………………… 115

　　　　2. 变量的修饰与封装 ··· 117
　　4.2.2　任务实施 ··· 118
　　　　1. 新建厨房风扇类 ··· 118
　　　　2. 新建卧室风扇类 ··· 118

任务 3　创建数据库 ··· 119
　　4.3.1　相关知识点解读 ·· 120
　　　　1. 加载 JDBC 驱动程序 ·· 120
　　　　2. 建立与数据库的连接 ·· 120
　　　　3. 进行数据库操作 ··· 121
　　　　4. 关闭相关连接 ·· 121
　　　　5. 创建数据表的语法 ·· 121
　　4.3.2　任务实施 ··· 122
　　　　新建类 Database ·· 122

任务 4　传感器数据的读取与存储 ··· 125
　　4.4.1　相关知识点解读 ·· 125
　　　　1. 进行数据库操作 ··· 125
　　　　2. 向数据表插入记录的语法格式 ·· 126
　　　　3. 查询数据表记录的语法格式 ··· 126
　　　　4. 数据集结果分析 ··· 126
　　4.4.2　任务实施 ··· 129
　　　　1. 新建类 WSensor ··· 129
　　　　2. 新建类 WCSensor、KSensor、CSensor ·· 130

任务 5　灯控制窗口的设计 ·· 131
　　4.5.1　相关知识点解读 ·· 132
　　　　1. 创建子类 ··· 132
　　　　2. super 和 this 的使用 ·· 133
　　4.5.2　任务实施 ··· 135
　　　　1. 新建 CLedWindow 类 ·· 135
　　　　2. 新建客厅灯类 KLedWindow ··· 136

任务 6　各房间灯界面的组合 ··· 138
　　4.6.1　相关知识点解读 ·· 138
　　4.6.2　任务实施 ··· 141
　　　　1. 修改 CLedWindow、WCLedWindow、KLedWindow、WLedWindow 类 ············ 141
　　　　2. 新建类 LedWindow，用选项卡将各房间灯的控制组合到一个界面中 ·········· 141

任务 7　风扇控制窗口的设计 ··· 142
　　4.7.1　相关知识点解读 ·· 142

    1. 线程 ·········· 143
    2. Java 中线程的创建 ·········· 144
  4.7.2 任务实施 ·········· 145
    1. 厨房风扇控制窗口的实现 ·········· 145
    2. 卧室风扇控制窗口的实现 ·········· 148

任务 8 各房间风扇控制窗口的调用 ·········· 148
  4.8.1 相关知识点解读 ·········· 149
  4.8.2 任务实施 ·········· 150

任务 9 卧室传感器信息查询窗口的设计 ·········· 151
  4.9.1 相关知识点解读 ·········· 152
  4.9.2 任务实施 ·········· 153

任务 10 厨房传感器信息查询窗口的设计 ·········· 156
  4.10.1 相关知识点解读 ·········· 156
  4.10.2 任务实施 ·········· 159

任务 11 卫生间传感器信息查询窗口的设计 ·········· 161
  4.11.1 相关知识点解读 ·········· 162
  4.11.2 任务实施 ·········· 164

任务 12 客厅传感器信息查询窗口的设计 ·········· 167
  4.12.1 相关知识点解读 ·········· 167
    1. 文本框 ·········· 167
    2. 密码框 ·········· 169
    3. 文本域 ·········· 170
  4.12.2 任务实施 ·········· 170

任务 13* 以表格显示各房间传感器历史信息 ·········· 172
  4.13.1 相关知识点解读 ·········· 173
    1. JTable 常用的构造方法 ·········· 173
    2. JTable 常用的成员方法 ·········· 173
    3. 表格模型 TableModel ·········· 173
  4.13.2 任务实施 ·········· 175

任务 14* 客厅传感器信息查询及传感器历史信息的同窗口显示 ·········· 177
  4.14.1 相关知识点解读 ·········· 178
  4.14.2 任务实施 ·········· 180
    1. 将客厅传感器信息查询的类的父类修改为面板类 ·········· 180
    2. 将客厅传感器历史信息显示的类的父类修改为面板类 ·········· 180
    3. 用分割面板实现同窗口显示 ·········· 180

任务 15 客厅温度传感器历史曲线的显示 ·········· 181

4.15.1　相关知识点解读 ·· 182
　　　4.15.2　任务实施 ··· 184
　　　　　1. 创建温度绘图类 ··· 184
　　　　　2. 修改主类 ·· 186
任务 16　用菜单组合各房间传感器的所有功能 ································ 187
　　　4.16.1　相关知识点解读 ·· 187
　　　　　1. 添加菜单栏 ·· 188
　　　　　2. 添加菜单 ·· 188
　　　　　3. 创建一个菜单项，然后用 add( )添加到菜单中 ··················· 188
　　　4.16.2　任务实施 ··· 190
任务 17*　用工具栏将各房间灯/风扇/传感器组合 ······························ 192
　　　4.17.1　相关知识点解读 ·· 193
　　　　　1. JToolBar 常用的构造方法 ·· 193
　　　　　2. JToolBar 常用的成员方法 ·· 193
　　　4.17.2　任务实施 ··· 194
任务 18　网络服务器端的设计 ··· 195
　　　4.18.1　相关知识点解读 ·· 196
　　　　　1. Socket 通信 ·· 196
　　　　　2. Socket 通信的一般过程 ··· 196
　　　4.18.2　任务实施 ··· 199
　　　　　1. 新建服务器端套接字类 MyTcp ··································· 199
　　　　　2. 修改主类 Main ··· 201
任务 19　客户端的设计 ·· 201
　　　4.19.1　相关知识点解读 ·· 202
　　　　　1. 流布局（FlowLayout） ··· 202
　　　　　2. 边布局（BorderLayout） ·· 203
　　　　　3. 空布局（null） ·· 205
　　　　　4. 网格布局（GridLayout） ·· 206
　　　4.19.2　任务实施 ··· 208
任务 20　注册/登录界面的实现 ·· 211
　　　4.20.1　相关知识点解读 ·· 212
　　　　　1. 窗口（JFrame） ··· 212
　　　　　2. 面板 ··· 213
　　　　　3. 标签（JLabel） ·· 214
　　　　　4. 图像 ··· 215
　　　　　5. 按钮 ··· 217

  4.20.2 任务实施 ··· 218
    1. 用户信息数据库类的设计 ·· 218
    2. 用户信息验证类的设计 ··· 220
    3. 登录类的设计 ·· 220
    4. 主类的设计 ··· 223

任务 21 单机版与网络版选择界面的设计 ·· 224
  4.21.1 相关知识点解读 ··· 224
    1. 设置组件 ·· 225
    2. 事件处理方法 ·· 226
  4.21.2 任务实施 ··· 227

附：项目四"智能家居系统的设计"工作任务书 ·· 229

参考文献 ··· 271

项目一

照明灯的设计

【项目描述】

用一串口控制照明灯,实现开灯与关灯的功能。串口控制照明灯的仿真电路图如图 1-1 所示。

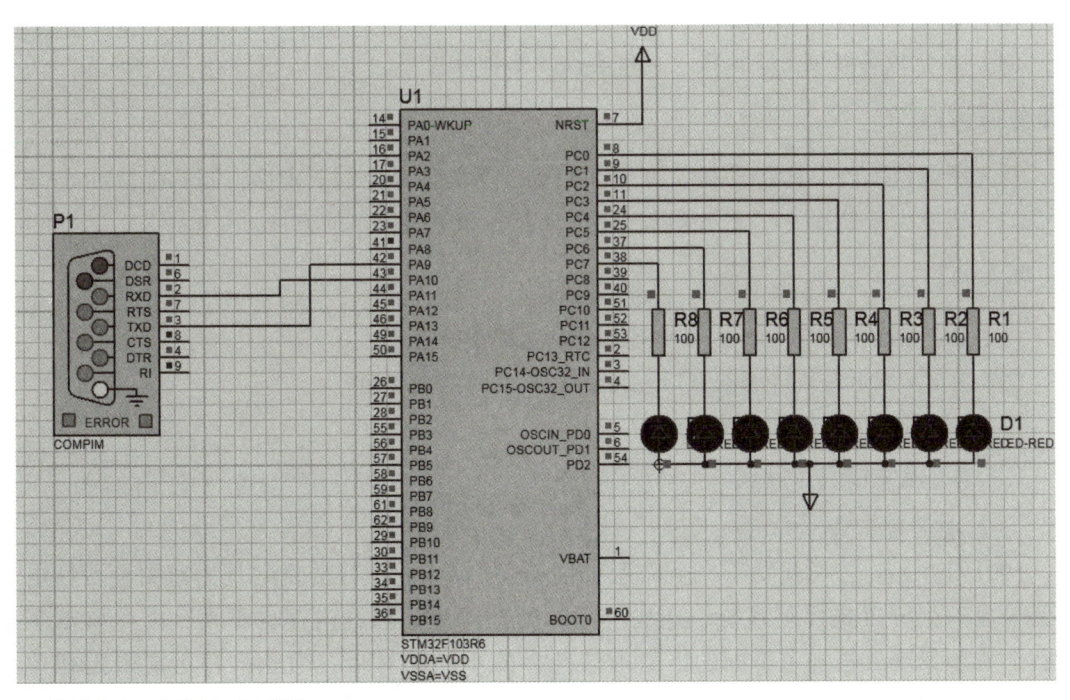

串口命令:01 开灯,02 关灯。

图 1-1 串口控制照明灯的仿真电路图

【项目目标】

(1) 掌握 JDK 的安装和环境变量的设置。

(2) 掌握 IDEA 软件的安装与配置。

(3) 掌握静态的使用。

(4) 掌握成员方法的使用。

(5) 能够编程实现继电器控制照明灯。

（6）代码编写严格遵守国家文档规范。

项目1 作业及答案　　　　　　项目1 PROTEUS 仿真电路

任务1　基础数据类的编程

【任务目标】

（1）能够独立安装 Java 运行平台。
（2）能用 IDEA 软件建立 Java 工程和类文件。
（3）掌握常量与变量的基本知识。
（4）能分析串口信息，根据串口信息设计基础数据类。

【任务描述】

首先用虚拟串口工具测试 Modbus 开关灯命令，验证命令的正确性，而后将 Modbus 串口命令编程转换为基础开关灯命令常数，并设计打开和关闭串口的方法。

【实施条件】

（1）Proteus8.9 软件一套、照明灯系统的电路图一套。
（2）IDEA 家用版或者企业版（Java 程序开发的集成环境）。
（3）64 位的 Java 运行环境 JDK。

1.1.1　相关知识点解读

1. Java 的运行环境

1991 年，Sun 公司开发了一个称为 Green 的项目，此项目的目的是为家用消费性电子产品开发一个分布式代码系统。这些产品的处理能力不强，内存也不大，因此要求生成的代码必须紧凑，再加上不同的厂商可能选择的不同的 CPU，因此语言不能限定在单一的体系结构之下。原来的开发者采用 C++语言开发电器芯片，但是没有成功，于是他们将 C++语言进行了简化，去掉了指针操作、运算符重载、多重继承等，开发出一种新的语言 Java。

随着 Internet 和 Web 技术的发展，Java 也得到了发展，原因就是 Internet 由不同的分布式系统组成，其中的计算机类型、操作系统和 CPU 可能各不相同，因此用户希望能够在不同的环境下运行相同的程序，而 Java 正好可以满足这样的需求，因为 Java 采用虚拟机进行解释和执行，这使 Java 得到了快速的发展，成为世界上最流行的网络开发语言。

目前我国国内最著名的永中 Office 就是应用 Java 开发的杰作。

1）Java 的特点

Java 发展如此迅速，与它的特点关系很大，Java 具有以下特点。

（1）简单。

Java 抛弃了 C++ 语言中的指针、多继承，增加了自动回收功能，可以回收不使用的内存区域，使程序编写更加简单，而且避免了指针所造成的内存分配的各种问题。

（2）面向对象。

Java 按照人们的思维方式建立问题空间模型，利用类和对象的机制将数据及其方法封装在一起，通过接口和外界交互。

（3）分布式。

Java 应用程序可凭借 URL 地址打开并访问网络上的对象，其访问方式与访问本地文件几乎完全相同，网络环境是 Java 大显身手和进一步发展的地方。

（4）高效解释执行。

Java 源程序在编译时，并不直接编译成特定的机器语言程序，而是编译成与系统无关的"字节码"，由 Java 虚拟机（Java Virtual Machine，JVM）来执行。JVM 使 Java 程序可以"一次编译，随处运行"。

（5）健壮。

Java 通过自行管理内存的分配和释放，从根本上消除了有关内存的问题。Java 提供的垃圾收集器，可自动收集闲置对象占用的内存，通过提供面向对象的异常处理机制来解决异常处理的问题，通过类型检查、Null 指针检测、数组边界检测等方法，在开发早期发现程序错误。

（6）安全。

Java 提供了一系列安全机制以防止恶意代码攻击，确保系统安全。Java 的安全机制分为多级，包括 Java 本身的安全性设计以及严格的编译检查、运行检查和网络接口级的安全检查。

（7）结构中立。

Java 编译器会产生一种具有结构中立性的对象文件格式，即 Java 字节码文件，Java 字节码可在任何安装了 JVM 的平台上运行。

（8）可移植。

Java 通过定义独立于平台的基本数据类型及其运算，使 Java 数据得以在任何硬件平台上保持一致。事实上，目前几乎所有 CPU 都支持以上数据类型，都支持 8~64 位整数格式的补码运算和单/双精度浮点运算。

（9）多线程。

Java 实现了多线程技术，提供了简便的实现多线程的方法，并拥有一组高复杂性的同步机制。

（10）动态。

Java 允许程序动态地装入运行过程中所需的类。

2）Java 的运行环境

Java 的运行架构分成为以下 4 层。

第一层：类文件（Java 字节码）；
第二层：Java 平台（包括 JVM 和 Java 核心 API）；
第三层：操作系统；
第四层：硬件平台。

Java 运行于 Java 平台之上，Java 平台运行于操作系统之上，操作系统执行上一层的 JVM，JVM 解释并执行 Java 字节码文件。

（1）JVM。

JVM 是一个想象中的机器，在实际的计算机上通过软件模拟来实现。JVM 有自己想象中的硬件，如处理器、堆栈、寄存器等，还有相应的指令系统。

（2）Java 程序的运行机制。

Java 程序的开发周期包括编译、下载、解释和执行几个部分。Java 编译程序将 Java 源程序翻译为 JVM 可执行代码——字节码，这一编译过程同 C/C++ 源程序的编译过程有些不同。当 C 编译器编译生成一个对象的代码时，该代码是为在某一特定硬件平台运行而产生的，因此，在编译过程中，编译程序通过查表将所有对符号的引用转换为特定的内存偏移量，以保证程序运行。Java 编译器却不将对变量和方法的引用编译为数值引用，也不确定程序执行过程中的内存布局，而是将这些符号引用信息保留在字节码中，由解释器在运行过程中创立内存布局，然后通过查表来确定一个方法所在的地址，这样就有效地保证了 Java 程序的可移植性和安全性。

运行 Java 字节码的工作是由解释器（Java 命令）来完成的。解释执行过程分 3 步进行：代码的装入、代码的校验和代码的执行。装入代码的工作由类装载器（class loader）完成，类装载器负责装入运行一个程序需要的所有代码，这也包括程序代码中的类所继承的类和被其调用的类。当类装载器装入一个类时，该类被放在自己的名字空间中。除了通过符号引用自己名字空间以外的类，类没有其他办法影响其他类。在本台计算机上的所有类都在同一地址空间内，而所有从外部引进的类都有一个独立的名字空间。这使本地类通过共享相同的名字空间获得较高的运行效率，同时又保证它们与从外部引进的类不会相互影响。当装入了运行程序需要的所有类后，解释器便可确定整个可执行程序的内存布局，解释器为符号引用同特定的地址空间建立对应关系及查询表，通过在这一阶段确定代码的内存布局，Java 很好地解决了超类改变导致的子类崩溃的问题，同时也防止了代码对地址的非法访问。

随后，被装入的代码由字节码校验器进行检查。校验器可发现操作数栈溢出、非法数据类型转换等多种错误。通过校验后，代码便开始执行了。

Java 字节码的执行有两种以下方式。

①即时编译方式：解释器先将 Java 字节码编译成机器码，然后执行该机器码。

②解释执行方式：解释器通过每次解释并执行一小段代码来完成 Java 字节码的所有操作。

通常采用的是第二种方式。JVM 规格描述具有足够的灵活性，这使将 Java 字节码翻译为机器码的工作具有较高的效率。对于那些对运行速度要求较高的应用程序，解释器可将

Java 字节码即时编译为机器码，从而很好地保证了 Java 程序的可移植性和高性能。

（3）JDK 介绍。

JDK（Java Development Kit）是 Sun 公司针对 Java 开发的产品，自从 Java 推出以来，JDK 已经成为使用最广泛的 Java SDK。JDK 是整个 Java 的核心，包括 Java 运行环境、Java 工具和 Java 基础的类库。JDK 是学好 Java 的第一步。专门运行在 x86 平台的 Jrocket 在服务端的运行效率也要比 Sun JDK 好很多。从 Sun JDK5.0 开始，其提供了泛型等非常实用的功能，其版本也不断更新，运行效率得到了大幅提高。

（4）JDK 版本。

JDK 目前有 3 个版本。

①SE（J2SE），Standard Edition，标准版，是通常使用的版本，从 JDK 5.0 开始，改名为 Java SE。

②EE（J2EE），Enterprise Edition，企业版，使用这种 JDK 开发 J2EE 应用程序，从 JDK 5.0 开始，改名为 Java EE。

③ME（J2ME），Micro Edition，主要用于移动设备、嵌入式设备上的 Java 应用程序，从 JDK 5.0 开始，改名为 Java ME。

2. 常量与变量

1）Java 的基本要素

（1）标识符。

标识符是用来标识类名、变量名、类型名、方法名、数组名、文件名等的有效字符序列，换句话说就是一个名称。

微课　常量与变量

标识符必须遵循如下规则。

Java 标识符由大/小写字母、数字、下划线和 $ 符号组成，不能以数字开头。

标识符的说明如下。

①不能是 Java 保留的关键字；

②常量名一般用大写字母，变量名一般用小写字母，类名以大写字母开始；

③区分大小写，如 ad、Ad、aD、Da 是四个不同的标识名；

④不能有空格；

⑤要有一定的意义，最好由表达一定含义的一个或者多个英语单词构成。

（2）关键字。

具有特殊用途的保留字标识符称为关键字。

关键字按照用途分以下类型。

①表示数据类型，如 byte、int、long 等；

②表示语句,如 if,else,switch 等;

③用于修饰符,如 public,private 等;

④用于方法,如 void,throws 等。

(3) 分隔符。

①注释符。

a. // (注释一行)。

以"//"开始,终止于行尾,一般作单行注释,可放在语句的后面。

b. /*……*/ (一行或多行注释)。

以"/*"开始,最后以"*/"结束,中间可写多行。

c. /**……*/。

以"/**"开始,最后以"*/"结束,中间可写多行。这种注释主要是为支持 JDK 工具 javadoc 所采用的。

②空白符。

如空格、回车、换行和制表符(Tab 键)。系统编译程序时,只用空白符区分各种基本成分,然后忽略它。

③普通分隔符。

"."点号:用于分隔包、类或分隔引用变量中的变量和方法;

";"分号:Java 语句结束的标志;

":"冒号:说明语标号;

"{}"大括号:用来定义复合语句、方法体、类体及数组的初始化;

"[ ]"方括号:用来定义数组类型及引用数字的元素值;

"( )"圆括号:用于在方法定义和访问中将参数表括起来,或定义运算的先后次序。

(4) 基本数据类型。

基本数据类型分为数值型和布尔型,数值型包括整数型、浮点型和字符型,整数型包括字节型、短整型、整型和长整型,浮点型包括单精度型和双精度型。

整型表示无小数部分的数据,浮点型表示有小数部分的数据,字符型是指用 Unicode 字符集定义的字符型数据,布尔型数据表示真和假,即 true 和 false。具体见表 1-1。

表 1-1 Java 基本数据类型

说明	类型	位长/bit	默认值	取值范围
布尔型	boolean	1	false	true,false
字节型	byte	8	0	-128~127
字符型	char	16	'\u0000'	'\u0000'~'\uffff',即 0~65 535
短整型	short	16	0	-32 768~32 767
整型	int	32	0	-2^{31}~$2^{31}-1$

续表

说明	类型	位长/bit	默认值	取值范围
长整型	long	64	0	$-2^{63} \sim 2^{63}-1$
浮点型（单精度）	float	32	0.0	$\pm 1.4E-45 \sim \pm 3.4028235E+38$
浮点型（双精度）	double	64	0.0	$\pm 4.9E-324 \sim \pm 1.797693134862315E+308$

2）常量

常量是指在程序运行中不变化的量。

常量分布尔型常量、整型常量、浮点型常量、字符常量和字符串常量。

关于常量应注意以下问题。

(1) 整型常量中规定八进制数以"0"开头，十六进制数以"0x"或"0X"开头，长整型常量要加"l"或"L"为后缀。

【例1-1】

```
45,045,0x45,45L
int a = 10    ;           //十进制
int b = 020   ;           //八进制,以"0"(零)开头
int c = 0x3A  ;           //十六进制,以"0x"开头
int d = 71 , Y = 91 ;     //对
int M = 0xd1, N = 091;    //错,"091"是八进制,不能有9
```

(2) 浮点型常量默认类型为64位double双精度类型（D或d），数字后面加F或f则是32位float单精度（实数）类型。

【例1-2】

```
float a, b; double x, y, z;
a = 7.4;        //错,7.4默认是double型,不能赋予精度低的float型
b = 7.4F;
x = 7.4E5;
y = 7.4E5D;
z = 7.4E5F;     //对
```

(3) 字符常量是由单引号括起来的单个字符，它可以是Unicode字符集中的任意一个字符，如'A'、'#'、'宋'、'6'。

(4) 字符串常量是用一对双引号起来的字符串。

【例1-3】

```
String a = "我是山西\n长治人"; //  "\n"表示换行
String b = '%' ;  //错     '%'是字符型,不能赋予String型
```

(5) 八进制转义序列：\ddd；范围为 '\000'~'\377'，用来表示扩展的 ASCII 字符和控制字符。其中 d 表示一位八进制数。

①特殊转义字符：仅 3 个。

\"：双引号；

\'：单引号；

\\ ：反斜线。

②控制转义字符：5 个。

\r 回车；

\n 换行；

\f 走纸换页；

\t 横向跳格；

\b 退格。

3）变量

变量是指在程序运行中变化的量。使用变量前必须声明。声明格式如下：

数据类型　变量名称[= 变量的值,变量名称[= 变量值]];

【例 1-4】

```
int a = 5 ,  b = 6 , c , d ;
String s = "合肥";
float m , n ;
m = 6.78f ;
```

说明如下。

(1) 变量名必须是合法的标识符，变量是区分大小写的。

(2) 变量名不能是关键字。

(3) 变量名要有意义。

(4) 变量通常有一定的生命周期和作用域。

【例 1-5】

```
public class example205
{
    public static void main(String args[])
    {
        byte b1 = 45,b2,b3;
        short s1 = 765;
        int i = 5,j,k;
        char c1 = '好';
        long l1 = 1000;
        long l2;
        float f1 = 34.2f;
        double d1 = 45.6;
        boolean bool = true;
```

```
        System.out.println("字节整型变量 b1 的值是" + b1);
        System.out.println("短整型变量 s1 的值是" + s1);
        System.out.println("整型变量 i 的值是" + i);
        System.out.println("长整型变量 l1 的值是" + l1);
        System.out.println("双精度变量 d1 的值是" + d1);
        System.out.println("单精度变量 f1 的值是" + f1);
        System.out.println("字符型变量 c1 的值是" + c1);
        System.out.println("布尔变量 bool 的值是" + bool);
    }
}
```

1.1.2 任务实施

1. Java 环境的安装与配置

1）安装运行平台

双击 JDK-64，一直单击"下一步"按钮直至安装完成，默认安装到"C:\Program Files\Java"。

微课 JDK 的安装与配置

2）设置环境变量

环境变量的设置包括 javahome、classpath 和 path 的配置。javahome = "C:\Program Files\Java\jdk1.8.0_181"，classpath = ".;%javahome%\lib;"，path = ";%javahome%\bin;"，如图 1-2 所示。配置完成后验证，启动 cmd，输入 javac 和 java 命令，出现文字则说明安装成功，图 1-3 所示为在 cmd 中输入 javac 和 java 命令后的结果。

图 1-2 环境变量的设置

图 1-3　在 cmd 中输入 javac 和 java 命令后的结果

3）安装软件 IDEA

IDEA 的全称为 IntelliJ IDEA，是用于 Java 开发的集成环境（也可用于其他编程语言），IDEA 在业界被公认为最好的 Java 开发工具之一，尤其在智能代码助手、代码自动提示、重构、J2EE 支持、Ant、JUnit、CVS 整合等方面的功能可以说是超常的。

IDEA 是 JetBrains 公司的产品。IDEA 分为旗舰版和社区版：旗舰版收费，功能多于社区版；社区版免费，功能少一些。本书使用的是 IDEA 社区绿色版。

在 D 盘创建文件夹"idea – c"，解压 ideaIC – 2018.1.7.win 到该文件夹中，将"D:\idea – c\bin"下的"idea64.exe"快捷方式发送到桌面（注意，32 位计算机应将"idea.exe"快捷方式发送到桌面）。

想一想

如果计算机的操作系统是 32 位的，则安装 JDK 时要注意什么？安装 IDEA – C 时要注意什么？

4）安装 Proteu 8.9 软件

（1）双击"P8.9.sp0.exe"，注意关闭防火墙和杀毒软件，否则软件在安装过程中会被杀毒软件当成病毒"杀掉"，在安装时需要使用注册机，选择资源中的 Licence.lxk 即可，然后根据界面提示进行安装即可。

Proteus 安装

（2）软件汉化：将文件夹"Translations"复制到"C:\Program Files（x86）\Labcenter Electronics\Proteus 8 Professional"（注意如果安装用的是 D 盘，请将"C"改为"D"）。

（3）软件激活：双击"pp8.9.exe"。

（4）将"C:\Program Files（x86）\Labcenter Electronics\Proteus 8 Professional\"中的"MODELS"文件夹复制到"C:\ProgramData\Labcenter Electronics\Proteus 8 Professional\"中，替换原来的"MODELS"文件夹，目的是解决闪退问题。Proteus 8.9 的安装结果如图 1-4 所示。

（5）用 vspd 虚拟串口工具虚拟 com2 和 com3 为一对虚拟串口。

5）复制动态链接库和 jar 包

将 rxtxParallel.dll、rxtxSerial.dll 复制到"C:\windows\system32\jdk"安装目录下的"jre\bin"中。将所有的 jar 包复制到 jdk 安装目录下的"jre\lib\ext"中。至此环境的安装与配置完成。

图 1-4 proteus 8.9 的安装结果

> **想一想**
>
> 为什么要做这一步？不做不行吗？

6）运行第一个程序

（1）新建工程。

启动 IDEA，单击"Create new project（创建新项目）"按钮，在项目设置界面输入项目名（Project name）、项目路径（Project location）以及基本包名（Base package），如图 1-5 所示。

所有命名必须符合 Java 命名规则，Java 命名规则如下。

①Java 标识符由大/小写字母、数字、下划线和 $ 符号组成，不能以数字开头，不能是保留字或者关键字

②标识符由多个单词构成时，Java 包名全部小写；类名的每个单词首字母大写；变量名和方法名的第一个字母小写，以后每个单词首字母大写；常量全部使用大写字母，单词间用下划线隔开。

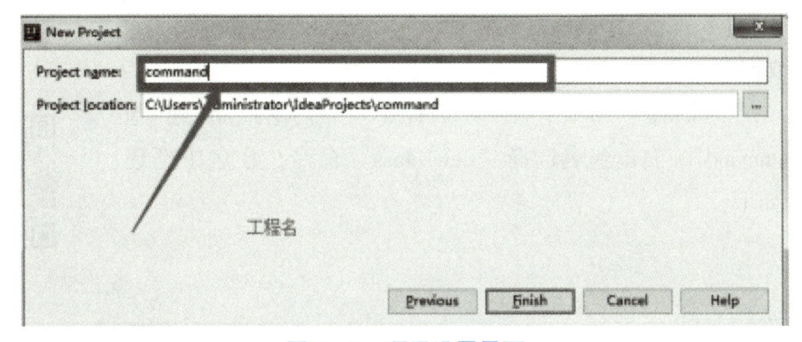

图 1-5 项目设置界面

2）运行程序

新建工程后，在项目的"src"文件夹下系统自带有一个 Main 类，类内有一个静态的主方法，运行程序，会显示"Hello World"的运行结果。

微课　idea 配置与标识符

2. IDEA 的常见设置

（1）编辑界面主题字体的配置。选择"file"→"setting"选项，在"setting"选项卡中，单击"appearance"按钮，"Theme"选择"intelliJ"，也就是白底黑字的编辑界面，单击"editor"按钮，在"font"框中输入 12 号字体，字体大小可以根据自己的爱好选择。

（2）图片的存放与相对路径的设置。右击①工程名，选择"new"→"directory"选项，输入"image"，创建文件夹，将图片复制到"image"文件夹中，按住 Ctrl 键，依次选中复制的图片，右击，选择"copy relative path"命令，创建图片的相对路径。

（3）jar 包的处理。右击工程名，选择"new"→"directory"选项，输入"libs"，创建文件夹"libs"，将所需要的 jar 包复制到"libs"文件夹中，依次选中所有 jar 包文件，右击选择快捷菜单中的"Add as Library…"命令，即可建立 jar 包的依赖关系。

3. 串口调试

1）启动模拟实验

打开"led. pdsprj"，将"a. hex"加载到单片机中，启动模拟实验。

2）新建 Java 工程"led"

按照"Java 环境的安装与配置"中的第 6）步新建 Java 工程"led"，按照"IDEA 的常见设置"中的步骤将"libs"文件夹中的 jar 包复制到"led"工程中，并建立依赖关系。

3）利用虚拟串口工具测试开关灯命令

打开虚拟串口工具，如图 1－6 所示，输入开灯命令 01，开灯。

想一想

关灯命令为 02，如何测试？

4）基础数据类的编程

右击"src"选择"new"→"package"命令，新建包"com. sxjdxy. command"，右击包名选择"new class"命令，在包中新建类 Data，具体如下：

项目 1　任务 1 操作视频

---

① 本书中"右击"表示"用鼠标右键单击"。

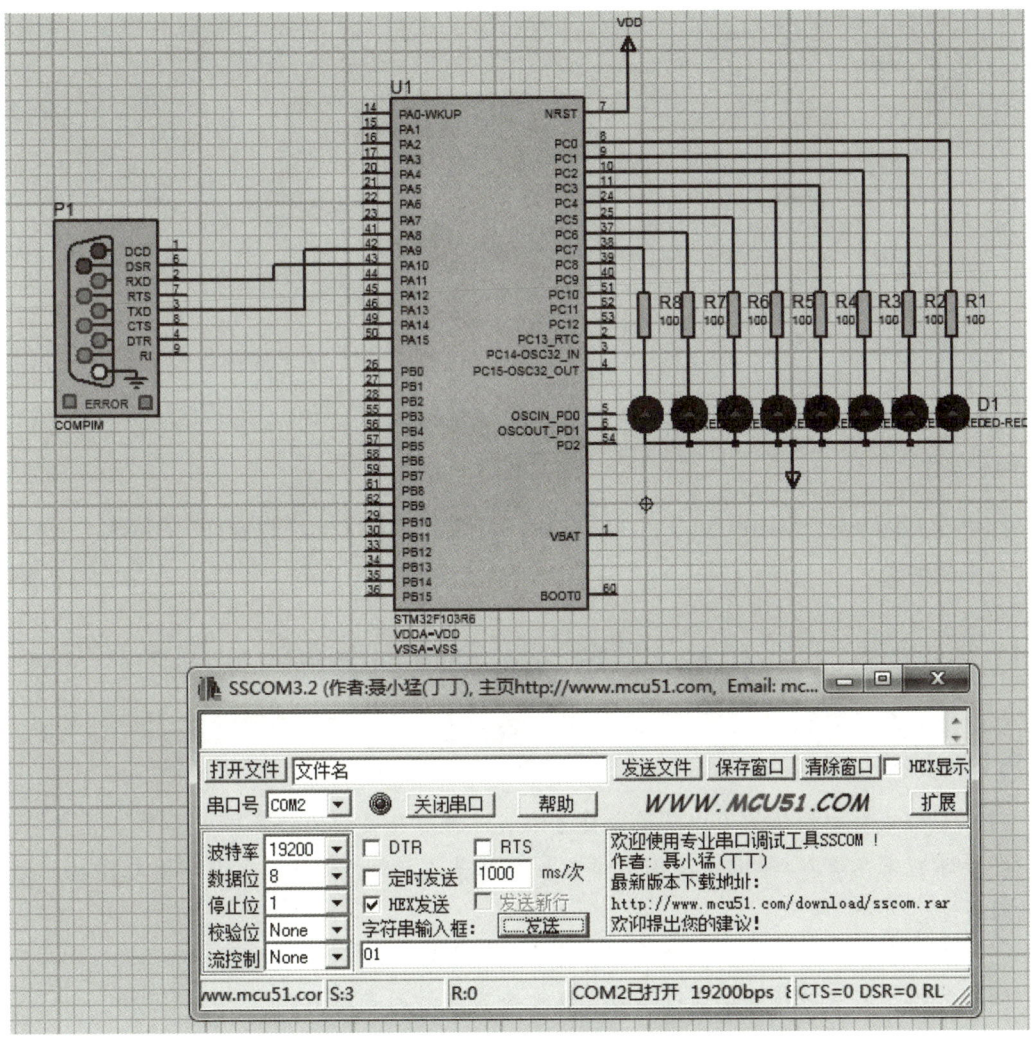

图 1-6 开灯测试

```
    package com.sxjdxy.data;

import com.newland.serialport.exception.NoSuchPort;
import com.newland.serialport.exception.NotASerialPort;
import com.newland.serialport.exception.PortInUse;
import com.newland.serialport.exception.SerialPortParameterFailure;
import com.newland.serialport.manage.SerialPortManager;
import gnu.io.SerialPort;

public class Data{
    public static final byte[] CONTROL1 = {0x01};
    public static final byte[] CONTROL2 = {0x02};
    public static SerialPort serialPort;
    static {
        try {
```

```java
            serialPort = SerialPortManager.openPort("COM2",19200);
        } catch (SerialPortParameterFailure serialPortParameterFailure) {
            serialPortParameterFailure.printStackTrace();
        } catch (NotASerialPort notASerialPort) {
            notASerialPort.printStackTrace();
        } catch (NoSuchPort noSuchPort) {
            noSuchPort.printStackTrace();
        } catch (PortInUse portInUse) {
            portInUse.printStackTrace();
        }
    }
}
```

【拓展任务】

如果开关指令分别为 01 05 00 11 FF 00 DC 3F（开），01 05 00 11 00 00 9D CF（关），请设计基本数据类。

任务2　开/关灯功能的实现

【任务目标】

（1）了解成员方法的使用以及用成员方法实现开灯和关灯的功能。

（2）掌握基本输入/输出以及循环语句，利用基本输入/输出以及循环语句实现照明灯的开与关。

（3）在编程中注意根据功能分门别类地存放类与接口。

（4）能够根据基础数据类通过串口发送命令实现灯的开与关。

【任务描述】

在任务1的基础上，实现用Java控制开灯与关灯的功能。

【实施条件】

（1）Proteus 8.9 软件一套、照明灯系统的电路图一套。

（2）IDEA 家用版或者企业版（Java 程序开发的集成环境）。

（3）64 位的 Java 运行环境 JDK。

1.2.1　相关知识点解读

从本任务开始介绍 Java 编程，首先介绍与 C 语言编程方法高度一致（个别地方有差异）的 switch 语句和循环语句以及使用频率较高的输入/输出语句。编程前务必要注意：要遵守编程规范，就如同我们平时要遵纪守法做一个好公民一样。变量名、数组名应为由多个单词构成的用于表达某个意思的单词，除第一个单词全部小写外，其余单词第一个字母大写；常量则要求多个单词全部大写；类名、接口名应是各个单词第一个字母全大写。例如开灯，其变量名的写法为 openLump，类或者接口名的写法为 OpenLump，常量的写法为 OPENLUMP。

1. 输入/输出语句

Java 语句有简单语句和复合语句两种。简单语句以一行为单位，以分号作为结束的标志。例如：

```
i ++;
System.out.println("Hello! ");
```

复合语句以一对大括号"{}"为基本单位，"{}"里面放置 0 条或多条简单语句。例如：

```
switch(i) {
    case 0: switch(j){
                case 1: System.out.print("A"); break;
                case 2: System.out.print("B"); break;
                default:System.out.print("C") ; break; }
    case 1: switch(j){
                case 4: System.out.print("X"); break;
                case 5: System.out.print("Y"); break; }
            default: System.out.print("Z"); break;  }}}
```

使用更多的是输入/输出语句。

1）输出语句

格式：System. out. print（运算符或表达式）；

例如：

```
System.out.print("你好");
```

2）输入语句

格式：Scanner scan = new Scanner(System. in) ;

（1）Scanner 是 Java 类库的一个基础类，是一个可以使用正则表达式来解析基本类型和字符串的简单文本扫描器。

（2）scan 是声明的变量名。

（3）new Scanner( )表示给变量 scan 分配空间，进行初始化和实例化。

（4）System. in 是参数，这里就是获取输入流的意思。

当需要提示输入一个变量时，使用以下语句：

```
System.out.println("请输入课程绩点:");
Scanner scan =new Scanner(System.in);
double b = scan.nextDouble();
```

当你需要输出时，使用以下语句：

```
System.out.println("……");
System.out.println("a = " +a);
```

2. switch 语句

```
格式:switch(表达式){
case 常量1:[复合语句1;][break;]
……
case  常量n:[复合语句n;][break;]
[default:复合语句n+1;]
}
```

微课 switch

switch 语句是一种很常用的选择语句，用于对表达式的值进行判断。执行 switch 语句时，首先计算表达式的值，其类型是整型或字符型，并要求表达式与各个 case 之后的常量值类型相同。然后，将该值同每种情况下 case 列出的目标值作恒等比较：若相等，则程序流程转入目标值后紧跟的语句（块）；若表达式的值与任何一个 case 后的目标值都不相同，则执行 default 后的语句（块）；若没有 default 子句，则什么都不执行。

3. 循环结构

循环结构是按照一定的条件重复执行某段语句的程序控制结构。一般循环结构可以分为3类：while 语句、do – while 语句和 for 语句。

微课 循环语句

1）while 语句

```
格式:
while(condition)
{
//循环体
}
```

其中条件表达式 condition 可以是任何布尔表达式。while 语句的运行逻辑为先判断控制表达式 condition 的值，当值是真时，循环体语句就会重复执行，当值为假时，循环结束，程序控制就传递到循环后面紧跟的语句行。若只有单个语句需要重复，则大括号是不必要的。

【例1-6】求9的阶乘。代码如下：

```
public class Main {

public static void main(String[] args) {
```

```
        int i =1;
        long s =1;
        while(i <=9)
        {
            s *= i;
            i ++;
        }
        System.out.println("9 的阶乘为" + s);
    }
}
```

程序运行结果为：

9 的阶乘为 362880

2）do – while 语句

格式：

```
do {
//循环体
} while (condition);
```

先执行循环体，然后再计算条件表达式 condition 。如果表达式为真，则循环继续，否则，循环结束。所有的 Java 循环语句都一样，条件表达式 condition 必须是一个布尔表达式。

3）for 语句

格式：

```
for(initialization; condition; iteration)
{
//循环体
}
```

当循环启动时，先执行其初始化部分即 initialization 。它是设置循环控制变量初始值的一个表达式，作为控制循环的计数器。读者要理解初始化表达式仅被执行一次。

执行完初始化语句，接下来计算条件表达式 condition 的值。注意条件表达式 condition 必须是布尔表达式。它通常将循环控制变量与目标值比较，如果条件表达式为真，则执行循环体；如果条件表达式为假，则循环终止。

循环体执行一遍结束后，再执行循环体的反复部分即 iteration，这部分通常是增加或减少循环控制变量的一个表达式。

接下来是重复循环，首先计算条件表达式 condition 的值，然后执行循环体，接着执行 iteration 表达式。这个过程不断重复，直到控制表达式变为假。

【例 1 – 7】计算 1 ~ 200 的累加和。代码如下：

```
public class Main {
```

```java
public static void main (String[ ] args)
{
    int sum = 0;
    for(int i = 1;i <= 200;i ++)
    {
        sum += i;
    }
    System.out.println("1~200 的累加和为" + sum);
}
}
```

程序运行结果为:

1~200 的累加和为 20100

1.2.2 任务实施

1. 创建 LedDevice 接口

右击"src"新建包 com.sxjdxy.device,右击包 com.sxjdxy.device 新建接口 LedDevice,具体如下:

```java
package com.sxjdxy.device;

public interface LedDevice {
    public abstract void openLed();
    public abstract void closeLed();
}
```

2. 创建类 LED

右击"src"新建包 com.sxjdxy.control,右击包 com.sxjdxy.control 新建类 LED,实现接口 LedDevice,具体如下:

```java
package com.sxjdxy.control;

import com.newland.serialport.exception.SendDataToSerialPortFailure;
import com.newland.serialport.exception.SerialPortOutputStreamCloseFailure;
import com.newland.serialport.manage.SerialPortManager;
import com.sxjdxy.data.Data;
import com.sxjdxy.device.LedDevice;

public class LED implements LedDevice {
    @Override
    public void openLed() {
        try {
            SerialPortManager.sendToPort(Data.serialPort,Data.CONTROL1);
        } catch (SendDataToSerialPortFailure sendDataToSerialPortFailure) {
            sendDataToSerialPortFailure.printStackTrace();
```

```
            } catch (SerialPortOutputStreamCloseFailure serialPortOutputStreamCloseFailure) {
                serialPortOutputStreamCloseFailure.printStackTrace();
            }
    }

    @Override
    public void closeLed() {
        try {
            SerialPortManager.sendToPort(Data.serialPort,Data.CONTROL2);
        } catch (SendDataToSerialPortFailure sendDataToSerialPortFailure) {
            sendDataToSerialPortFailure.printStackTrace();
        } catch (SerialPortOutputStreamCloseFailure serialPortOutputStreamCloseFailure) {
            serialPortOutputStreamCloseFailure.printStackTrace();
        }
    }
}
```

> **想一想**
>
> 当输入语句 "SerialPortManager.sendToPort(Data.serialPort,Data.CONTROL1);" 时，发现此语句有下划线，为什么？

3. 修改类 Main

右击 "src" 新建包 com.sxjdxy.main，将类 Main 拖到包 com.sxjdxy.main 中，修改类 Main，具体如下：

```
package com.sxjdxy.main;
import com.sxjdxy.control.LED;

import java.util.Scanner;
public class Main {
    public static void main(String args[]){
        while (true){
            System.out.println("请选择:0,开灯;1,关灯");
            Scanner scanner = new Scanner(System.in);
            int in = scanner.nextInt();
            switch (in){
                case 0:{new LED().openLed();break;}
                case 1:{new LED().closeLed();break;}
            }
        }
    }
}
```

> **想一想**
>
> 语句 while (true) 表达什么意思？为什么条件要设置为 true？switch (in) 又表达什么意思？

4. 运行程序

输入"0"按 Enter 键,结果如图 1-7 所示,开灯;输入"1"按 Enter 键,结果如图 1-8 所示,关灯。

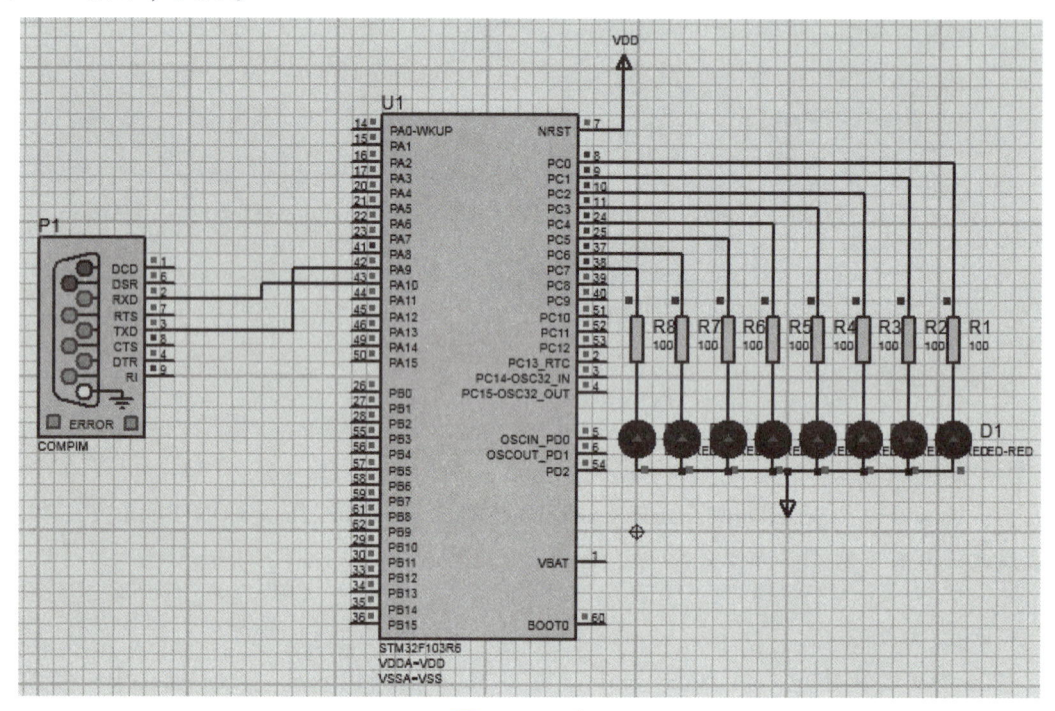

图 1-7 开灯

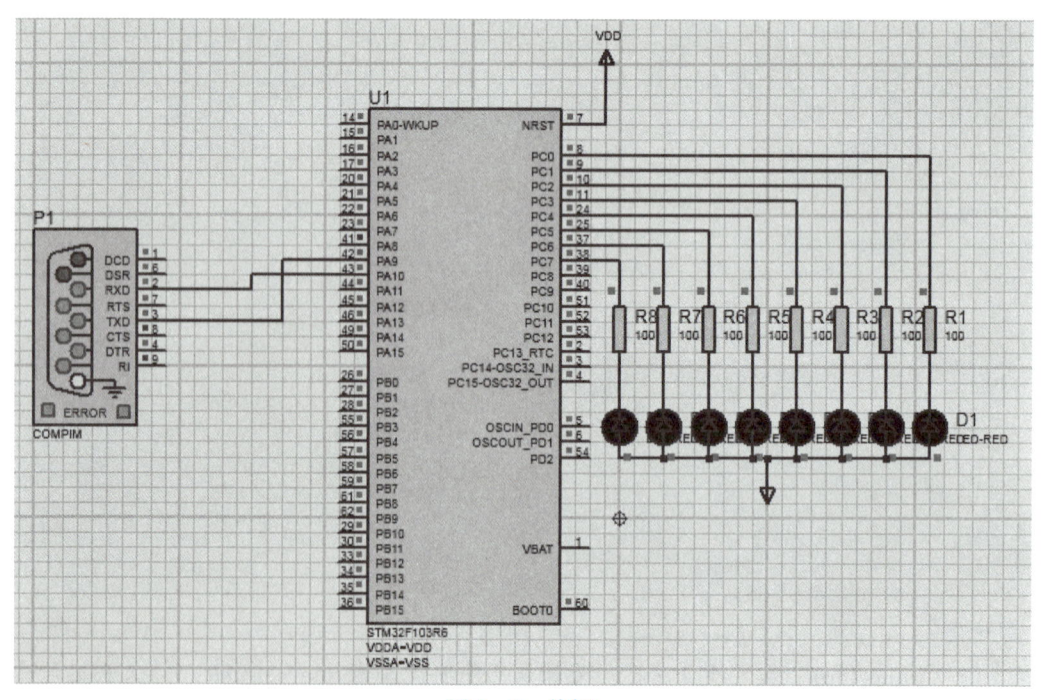

图 1-8 关灯

【拓展任务】

　　如果开关指令分别为 01 05 00 11 FF 00 DC 3F（开），01 05 00 11 00 00 9D CF（关），请设计开/关灯代码。

【项目总结】

　　本项目基于虚拟串口工具 SSCOM32，首先测试了 Proteus 报警电路的命令。通过测试，学生可以看到能够实现开/关灯，而后在 IDEA 工程中定义了类 Data，将开/关灯命令转化为字节型的静态数组常数 CONTROL1 和 CONTROL2，同时定义了静态变量 serialPort 和静态语句块，再通过 LED 类的 openLed( ) 和 closeLed( ) 方法实现了开灯和关灯功能，接着利用 while 循环、输入/输出语句、switch 语句实现了开/关灯的控制功能。本项目通过开关灯编程将循环语句、输入/输出语句、switch 语句、常量与变量等知识点有效地结合起来，有助于帮助学生通过简单的项目对如何设计项目有一个全新的认识。

附：项目一"照明灯的设计"工作任务书

项目一"照明灯的设计"
工作任务书

课程名称：_____
专　　业：_____
班　　级：_____
姓　　名：_____
学　　号：_____

山西机电职业技术学院

一、学习目标

（1）掌握 JDK 的安装和环境变量的设置。
（2）掌握 IDEA 的安装与配置。
（3）掌握静态的使用。
（4）掌握成员方法的使用。
（5）能够编程实现用继电器控制照明灯。

二、学时

4 学时。

三、任务描述

用一串口控制照明灯，实现开灯与关灯的功能。串口控制照明灯的仿真电路图如图 1-1 所示。

四、工作流程与活动

学习活动 1：基础数据类的编程（2 学时）。
学习活动 2：开/关灯功能的实现（2 学时）。

学习活动 1　基础数据类的编程

一、学习目标

（1）能够将 ADAM4150 的命令、开/关报警灯的命令转换为基础数据类。
（2）熟悉静态的编程。
（3）掌握异常与捕捉的使用。

二、学习描述

首先用虚拟串口工具测试 Modbus 开/关灯命令，验证命令的正确性，然后将 Modbus 串口命令通过编程转换为基础开/关灯命令常数，并设计打开串口变量、关闭串口变量的方法。

三、学习准备

查看是否已有以下工具。
（1）Proteus 8.9 软件一套、照明灯系统的电路图一套。
（2）IDEA 家用版或者企业版（Java 程序开发的集成环境）。
（3）64 位的 Java 运行环境 JDK。

四、学习过程

（1）进行 Java 环境的安装与配置，根据配置结果，用 cmd 验证环境变量设置是否正确并粘贴 cmd 命令验证结果。

（2）安装 IDEA，安装完毕后将工程的运行结果截图。

（3）安装 Proteu8.9 软件后打开仿真电路图，将仿真电路图界面截图。

（4）复制动态链接库和 jar 包，观察 jar 包是否展开并截图。

五、任务评价

任务评价表见表 1–2。

表 1–2 任务评价表

班级		姓名		学号		日期	年 月 日
序号		评价点			配分	得分	总评
1		环境变量配置是否正确？			20		A□（86~100） B□（76~85） C□（60~75） D□（＜60）
2		IDEA 能否运行？			20		
3		报警灯观察结果是否正确？			20		
4		能否打开 Proteus 工程？			20		
5		动态链接库是否能展开？			20		
小结 建议							
建议					评定人：（签名）		年 月 日

学习活动 2　开/关灯功能的实现

一、学习目标

（1）了解成员方法的使用并能用成员方法实现开灯和关灯的功能。

（2）掌握基本输入/输出语句和循环语句，利用基本输入/输出语句和循环语句实现照明灯的开与关。

（3）在编程时严格遵守国家软件文档规范。

二、学习描述

在任务1的基础上，实现用Java控制开灯与关灯的功能。

三、学习准备

查看是否已有以下工具。

（1）Proteus 8.9软件一套、照明灯系统的电路图一套。

（2）IDEA家用版或者企业版（Java程序开发的集成环境）。

（3）64位的Java运行环境JDK。

四、学习过程

（1）创建LedDevice接口。

（2）创建类LED。

（3）当输入语句"SerialPortManager.sendToPort（Command.serialPort,Command.LightOn）;"时，发现此语句有下划线，为什么？

（4）右击"src"新建包com.sxjdxy.main，将类Main拖到包com.sxjdxy.main中，修改类Main。

五、任务评价

任务评价表见表1-3。

表1-3 任务评价表

班级		姓名		学号			日期	年 月 日
序号		评价点			配分		得分	总评
1		包设计是否正确?			15			A□（86~100） B□（76~85） C□（60~75） D□（<60）
2		LedDevice接口设计是否正确?			25			
3		类Main能否实现开/关灯选择?			15			
4		类LED	具有捕捉异常的功能		15	45		
			能实现开灯		15			
			能实现关灯		15			
小结 建议								
建议						评定人：（签名）		年 月 日

项目二

环境监测系统的设计

【项目描述】

编程实现环境光传感器 ALS – PT19、尘埃颗粒传感器 PPD42 的数据读取。环境监测系统仿真电路图如图 2 – 1 所示。

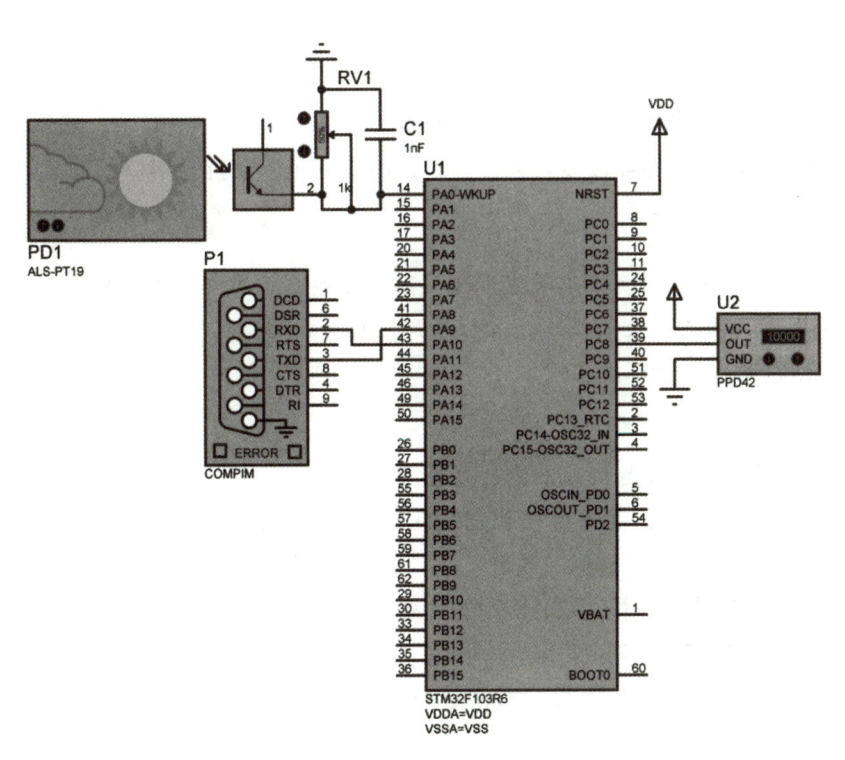

图 2 – 1　环境监测系统仿真电路图

【项目目标】

(1) 掌握数组的概念及编程方法。
(2) 掌握静态的使用。
(3) 掌握字符串的使用。
(4) 掌握成员方法的使用。

(5) 能够编程实现环境光传感器 ALS – PT19、尘埃颗粒传感器 PPD42 数据读取。

(6) 基于静态变量与实例变量把控整体与局部的思维。

项目 2　Proteus 仿真电路　　　　　项目 2 作业及答案

任务 1　基础数据类的编程

【任务目标】

(1) 能够将传感器数据读取命令转换为基础数据类。

(2) 掌握静态方法的使用。

【任务描述】

首先用虚拟串口工具测试传感器数据读取命令，验证命令的正确性，然后将 Modbus 串口命令通过编程转换为传感器命令常数，并设计串口变量以及打开串口的静态语句块。

【实施条件】

(1) Proteus 8.9 软件一套、环境光和尘埃颗粒监测系统的电路图一套。

(2) IDEA 家用版或者企业版（Java 程序开发的集成环境）。

(3) 64 位的 Java 运行环境 JDK。

2.1.1　相关知识点解读

马克思主义认为，整体与局部的内在联系如下。

整体与局部相互依赖，互为存在和发展的前提。整体由局部组成，离开了局部，整体就不能存在。

整体对局部起支配、统率、决定作用，协调各局部向着统一的方向发展。

局部的变化也会影响整体的变化。

在 Java 编程中也有类似的问题，那就是静态与实例，静态是属于整个类的，实例只归属于对象。

1. 静态

1) 静态方法

一个方法如果被 static 修饰就成了静态方法。

微课　静态

由于静态方法是属于整个类的,所以静态方法的方法体中不能有与类的对象有关的内容,即静态方法体有如下限制。

（1）静态方法中不能引用对象变量；

（2）静态方法中不能调用类的对象方法；

（3）在静态方法中不能调使用 super、this 关键字；

（4）静态方法不能被覆盖。

2）实例方法

当一个类用 new 创建了一个对象后,这个对象就可以调用该类的方法。

（1）在实例方法中既可以引用对象变量,也可以引用类变量；

（2）在实例方法中可以调用静态方法；

（3）在对象方法中可以使用 super、this 关键字。

3）静态方法与实例方法的区别

（1）静态方法可以通过类名调用,实例方法不能通过类名调用。

（2）类的字节码文件被加载到内存中时,类的实例方法不会被分配入口地址。当该类创建对象后,类中的实例方法才被分配入口地址,从而实例方法可以被类创建的任何对象调用执行。静态方法在该类被加载到内存中时就被分配了相应的入口地址,因此静态方法不仅可以被类创建的任何对象调用执行,也可以直接通过类名调用。静态方法的入口地址直到程序退出时才被取消。打个比方,静态方法是公共物品,谁都可以使用；实例方法是私人物品,只有自己才可以使用。

从应用的角度出发,静态方法一般用于此方法使用频率较高的时候,实例方法一般用于此方法使用频率较低的时候。

4）静态变量

一个变量如果被 static 修饰就变成了静态变量。

与静态方法一样,被 static 修饰的成员变量独立于该类的任何对象。也就是说,它不依赖类特定的实例,被类的所有实例共享。只要这个类被加载,JVM 就能根据类名在运行时数据区的方法区内找到它们。因此,静态对象可以在它的任何对象创建之前访问,无须引用任何对象。

用 public 修饰的静态成员变量本质是全局变量。

静态变量前可以有 private 修饰,表示这个变量可以在类的静态代码块中,或者类的其他静态成员方法中使用,但是不能在其他类中通过类名来直接引用,这一点很重要。

5）静态语句块

Java 中静态语句块优先于对象存在,也就是优先于构造方法存在,它通常在只创建一次对象的情况下使用,其类似于单列模式,而且执行的顺序是：父类静态语句块→子类静态语句块→父类构造方法 →子类构造方法。

切勿将静态语句块与构造方法混淆,因为它是静态的,所以优先于构造方法,并且优先于空语句块。

例如：

```
    public static SerialPort OpenPort;
     static {
/* 以下为静态语句块
         try {
             OpenPort = SerialPortManager.openPort("COM200", 9600);
         } catch (Exception e) {
             e.printStackTrace();
         }
*/
     }
```

【例2-1】静态变量与静态方法。

类Static:
```
public class Static {
     public float getLenth() { return lenth; }
     public void setLenth(float lenth) { this.lenth = lenth; }
     public float getWidth() { return width; }
     public void setWidth(float width) { this.width = width; }
     public static int getLen() { return len; }
     public static void setLen(int len) { Static.len = len; }
     public static int getWid() { return wid; }
     public static void setWid(int wid) { Static.wid = wid; }
     float lenth = 8, width = 6;
     static int len = 10, wid = 5;
}
```
主类Main:
```
public class Main
{
         public static void main(String args[])
         {
         int l,w;
         l = Static.len;
         w = Static.wid;
         System.out.println("长度:" + l + "宽度:" + w);
         Static.setLen(11);
         l = Static.getLen();
         Static.setWid(22);
         w = Static.getWid();
         System.out.println("长度:" + l + "宽度:" + w);
Static s = new Static();
         l = (int)s.lenth;
         w = (int)s.width;
         System.out.println("长度:" + l + "宽度:" + w);
         s.setLenth(55);
         l = (int)s.getLenth();
         s.setWidth(66);
         w = (int)s.getWidth();
         System.out.println("长度:" + l + "宽度:" + w);
         }
}
```

程序运行结果如图 2-2 所示。

```
"C:\Program Files\Java\jdk1.8.0_202\bin\java.exe" ...
长度：10宽度：5
长度：11宽度：22
长度：8宽度：6
长度：55宽度：66
```

图 2-2　程序运行结果

2. 数组

数组是在程序设计中，为了处理方便，把具有相同类型的若干变量按有序的形式组织起来的一种形式。这些按序排列的同类数据元素的集合称为数组。Java 中的数组类型不是基本数据类型，是 java.lang.Object 类的子类，由此可见 Java 将数组视为一个对象。

微课　一维数组

1）一维数组

（1）创建一维数组。

创建一维数组的格式有两种。

①格式 1：

数据类型[ ] 数组名;或数据类型 数组名[ ];

例如：

int[ ] a ;
int a[ ] ;

说明：

a. 数组名必须符合标识符的规定；
b. 数据类型可以是任意的数据类型，包括类；
c. [ ] 说明定义的是一个数组，不是变量；
d. 数组内存空间的分配需要用 new 来实现。

数组名 = new 数据类型[数组长度];

例如：

a = new int[5];//指明数组有 5 个元素。

②格式 2：

数据类型[ ] 数组名 = new 数据类型[数组长度];
或者
　数据类型 数组名[ ] = new 数据类型[数组长度];

例如：

```
int[ ] a = new int[5];
int a[ ] = new int[5];
```

说明：

a. 数组中的元素称为数组元素，数组长度即数组元素的个数；

b. 数组长度必须是整数值，或者能够转换为 int 型的值（如 byte、short、char），而不能是 long 类型的值，因为数组长度不能是无限的；

c. 数组长度一旦决定就不能改变，可以用 "数组名.length" 来获取数组的长度。

（2）数组元素的引用。

格式：

```
数组名[下标];
```

说明：

①下标是从 0 开始的，最大是数组长度减 1；

②下标既可以是表达式，也可以是常数。

例如：a[0]、a[x*4] 都是对的。

对一般变量定义以后，只有经过初始化才可以取变量的值，但是对于数组元素则不然，因为数组元素是通过 new 来完成的，所以即使没有给数组元素赋值，它也有默认的值。数值型的数组元素初始化后是 0；char 型数组元素初始化后是 '\0000'，转换为整数是 0；布尔型数组元素初始化后是 false；对象型数组元素初始化后为 null。因此，即使没有对数组元素赋值，也可以读取数组元素的值。

数组元素的初始化有 3 种格式。

①格式 1：

```
数据类型  数组名[ ] = new 数据类型[ ]{初值1,初值2,初值3,……};
```

②格式 2：

```
数据类型  数组名[ ] = {初值1,初值2,初值3,……};
```

③格式 3：

```
数据类型  数组名[ ] = new 数据类型[ ]{new 构造方法(参数列表),new 构造方法(参数列表),……};
```

例如：

```
int x[ ] = new int[ ]{1,2,3,4,5};或 int x[ ] = {1,2,3,4,5};
Interger arr1[ ] = new Interger[ ]{new Interger(89), new Interger(45) , new Interger(23)};或
Interger arr1[ ] = {new Interger(89),new Interger(45),new Interger(23)};
```

（3）一维数组的使用方法。

当数组创建完成后，即可以使用数组，数组一般应用在循环程序中。

【例 2 – 2】数组的定义与初始化。

```java
    import java.util.Date;
import java.util.*;
class Point
{
    float x,y;
    public Point(float x,float y)
    {
        this.x = x;
        this.y = y;
    }
}
public class Main{
    public static void main (String[] args)
    {
        int score[];
        score = new int[5];
        System.out.println("整数数组 score[0]的值是" + score[0]);
        float english[] = new float [10];
        System.out.println("浮点型数组 english[0]的值是" + english[0]);
        boolean b[] = new boolean[7];
        System.out.println("布尔型数组 b[0]的值是" + b[0]);
        Date d[] = new Date[6];
        System.out.println("Date 型对象数组 d[0]的值是" + d[0]);
        long sum1[] = {6,77,88};
        long sum2[];
        sum2 = new long[]{56,77,88};
        Point p[] = {new Point(45,67),new Point(33,44)};
        System.out.println("对象 p[0]的 x 值是" + p[0].x + "对象 p[0]的 y 值是" + p[0].y);
        Point q[] = new Point[3];
        q[2] = new Point(66,77);
        System.out.println("对象 q[2]的 x 值是" + q[2].x);
    }
}
```

程序运行结果为：

```
整数数组 score[0]的值是 0
浮点型数组 english[0]的值是 0.0
布尔型数组 b[0]的值是 false
Date 型对象数组 d[0]的值是 null
对象 p[0]的 x 值是 45.0 对象 p[0]的 y 值是 67.0
对象 q[2]的 x 值是 66.0
```

【例 2 – 3】给数组元素赋值，并输出数组元素的值，每行 5 个元素。

```java
public class Main{
    public static void main (String[] args)
    {
        int sum[] = new int[20];
```

```
            for(int i = 0;i < sum.length;i ++ )
            {
                sum[i] = i + 1;
            }
            for(int i = 0;i < 20;i ++ )
            {
                if(i%5 == 0)
                    System.out.println();
                System.out.print(sum[i] + " ");
            }
        }
}
```

程序运行结果为：

```
1  2  3  4  5
6  7  8  9  10
11 12 13 14 15
16 17 18 19 20
```

(4) Arrays 类中常用的静态数组方法

在 Java 的类库中，java.util.Arrays 类有许多静态方法，这里列出常见的静态数组方法。

①public static boolean equals（数据类型[ ]a1，数据类型[ ]a2）：比较两个数组 A、B 是否相等。注意，表示两个数组相等，不能用" == "。两者相等的条件是两个数组元素个数相等的同时，数组元素也必须相等。

②public static void sort（数据类型[ ]a）：可以对某种数据类型的数组进行排序。这里的数据类型可以是任意的数据类型。

③public static int binarySearch（数据类型[ ] a，数据类型 key）：用于在排好序的数组 a 中查找一个元素 key。如果找到元素 key，则返回它在数组中的位置。这里的数据类型可以是任意的数据类型。

④public static void fill（数据类型[ ]a，数据类型 val）：可将相同数据类型的 var 变量的值填入数组。如果是对象数组，则将对象的引用填入数组。这里的数据类型可以是任意的数据类型。

⑤public static void arraycopy（Object src，int srcPos, Object dest，int destPos，int length）：将数组 src 从 srcPos 到 srcPos + length 位置的元素存放到目标数组 dest 中所指的 destPos 开始位置。

【例 2 – 4】为数组元素排序并查找某个元素。

```
    import java.util.Arrays;
public class Main {
    public static void main (String[] args)
    {
```

```
        int a[] = new int[10];
        for(int i = 0;i < a.length;i ++)
        {
                a[i] = (int)(Math.random() * 100);
        }
        System.out.println("排序前:");
        for(int i = 0;i < a.length;i ++)
        {
                System.out.print(a[i] + " ");
        }
        System.out.println();
        Arrays.sort(a);
        System.out.println("排序后:");
        for(int i = 0;i < a.length;i ++)
        {
                System.out.print (a[i] + " ");
        }
        System.out.println();
        int n = Arrays.binarySearch(a,7);
        if(n >= 0)
                System.out.println("元素:7 在数组中的位置是" + n);
        else
                System.out.println("在数组中未找到元素:7");
    }
}
```

程序运行结果为:

排序前:
33 75 41 59 79 82 70 97 40 59
排序后:
33 40 41 59 59 70 75 79 82 97
在数组中未找到元素:7

【例 2-5】为数组元素填充数据并进行复制。

```
    import java.util.Arrays;

public class Main {
    public static void main (String[] args)
    {
        int a[] = new int[10];
        int b[] = new int[10];
        Arrays.fill(a,7);
        System.out.print("a 数组的值是:");
        for(int i = 0;i < a.length;i ++)
                System.out.print(a[i] + " ");
        System.arraycopy(a,0,b,0,a.length);
        System.out.print("\nb 数组的值是:");
```

```
        for(int i=0;i<b.length;i++)
            System.out.print(b[i]+" ");
        boolean istrue=Arrays.equals(a,b);
        if(istrue==true)
            System.out.println("\n两个数组完全相等!");
        else
            System.out.println("\n两个数组不相等!");
    }
}
```

程序运行结果为：

```
a 数组的值是:7 7 7 7 7 7 7 7 7 7
b 数组的值是:7 7 7 7 7 7 7 7 7 7
两个数组完全相等!
```

2）多维数组的创建与使用

当一个数组中的每一个元素都是一维数组时就构成了二维数组。依此类推，当一个数组中的每一个元素都是 n-1 维数组时就构成了 n 维数组。由于 n 维数组和二维数组类似，所以下面只讨论二维数组的创建和使用。

微课　二维数组

二维数组的创建分两步：数组的声明和内存空间的分配。

①数组的声明。

a. 二维数组。

```
数据类型[][] 数组名;或数据类型 数组名[][];
```

b. n 维数组。

```
数据类型[][]……[] 数组名;或数据类型 数组名[][]……[];
```

②内存空间的分配。

下面以二维数组为例说明。

a. 直接为每一位分配内存空间。

```
  数据类型[][] 数组名 = new 数据类型[数组长度1][数组长度2];
或者
  数据类型 数组名[][] = new 数据类型[数组长度1][数组长度2];
```

例如：

```
int a[][] = new int[3][4];
```

b. 从高维开始，分别为每一维分配内存。

由于把二维数组看作数组的数组，数组空间不是连续分配的，所以不要求二维数组每一维的大小相同。

```
数据类型[][] 数组名 = new 数据类型[数组长度1][];
数据元素[0] = new 数据类型[数组长度20];
数据元素[1] = new 数据类型[数组长度21];
……
数据元素[数组长度1-1] = new 数据类型[数组长度2n];
```

例如：

```
int a[][];
a = new int [3][];
a[0] = new int [4];
a[1] = new int [2];
a[2] = new int [1];
```

③二维数组的初始化。

二维数组的初始化有以下两种格式。

a. 在创建数组时初始化。

```
数据类型 数组名[][] = {{值00,值01,……},{值10,值11,……},……};或
数据类型 数组名[][] = new 数据类型[][]{{值00,值01,……},{值10,值11,……},……};
```

数组的维数由初值的个数决定。第一维的数组长度由"{}"内值的个数决定，第二维的数组长度由"{}"的对数决定。

例如：

```
int a[][] = new int {{1,2,3},{6},{5,6},{3,3,2}};
```

b. 创建数组后，直接为数组的每一个元素赋值。

```
int a[][] = new int[2][2];
a[0][0] = 1;
a[0][1] = 1.4;
a[1][0] = 2.3;
a[1][1] = 3.4;
```

c. 二维数组的引用。

引用方式为：

```
数组名[下标1][下标2];
```

【例 2-6】用二维数组表示 3×4 的矩阵，并为其各元素赋值后输出。

```java
public class Main{
public static void main(String[] args)
{
    int i,j;
    int a[][] = new int[3][4];
    for(i=0;i<3;i++)
    {
        for(j=0;j<4;j++)
        {
            a[i][j]=(i+1)*(j+2);
        }
    }
    System.out.println("\n*** 矩阵 a ***");
    for(i=0;i<3;i++)
    {
        for(j=0;j<4;j++)
        {
            System.out.print(a[i][j]+" ");
        }
        System.out.println();
    }
}
}
```

程序运行结果为：

```
*** 矩阵 a ***
2 3 4 5
4 6 8 10
6 9 12 15
```

3）ArrayList 的简单应用

ArrayList 是基于动态数组的数据结构，与普通数组不同，在创建它的时候不用指定大小，大小根据保存内容自动调整。在不知道具体需要保存多少个数据的时候可以使用 ArrayList。

（1）ArrayList 的创建。

格式：

```
ArrayList 数组名 = new ArrayList();
```

注意：程序开始需要使用语句"import java.util.ArrayList;"。

（2）ArrayList 的赋值与取值。

ArrayList 的赋值采用 add( ) 方法实现。赋值数据的类型可以完全不同。ArrayList 的取值采用 get(index) 方法实现，其中 index 是数组中元素的位置。

【例 2-7】ArrayList 的赋值与取值。

```java
    import java.util.ArrayList;
public class Main{
    public static void main(String[] args)
    {
        ArrayList a1 = new ArrayList();
        a1.add("a");
        a1.add(1);
        a1.add(true);
        printList(a1);
    }
    public static void printList(ArrayList a1)
    {
        System.out.print("ArrayList 中的内容为:| ");
        for(int i = 0;i < a1.size();i ++)
        {
            System.out.print(a1.get(i) + "   ");
        }
        System.out.print("|");
    }
}
```

程序运行结果为:

```
ArrayList 中的内容为:| a  1  true  |
```

【例 2 -8】对象的保存。

```java
    import java.util.ArrayList;
public class Main{
    public static void main(String[] args)
    {
        int x;
        x = (int)(Math.random() * 10) +1;
        System.out.println("个数为" + x);
        ArrayList a1 = new ArrayList();
        for(int i = 0;i < x;i ++)
        {
            people p = new people();
            p.setName("刘明" + ((int)(Math.random() * 10) +1));
            p.setAge(i);
            a1.add(p);
        }
        printpeople(a1);
    }
    public static void printpeople(ArrayList a1)
    {
        for(int i = 0;i < a1.size();i ++)
```

```java
            }
                people pp =(people)a1.get(i);
                System.out.println("第"+(i+1)+"个人信息为:姓名:"+pp.getName()
+",年龄"+pp.getAge()+"岁");
        }
    }
}
class people
{
    private String name;
    private int age;
    public people(){}
    public String getName()
    {
        return name;
    }
    public void setName(String name)
    {
        this.name = name;
    }
    public int getAge()
    {
        return age;
    }
    public void setAge(int age)
    {
        this.age = age;
    }
}
```

2.1.2 任务实施

1. 任务准备

1) 启动模拟实验

打开"环境监测.pdsprj",将"a.hex"加载到单片机中,启动模拟实验。

2) 新建Java工程"environment"

按照项目一1.1.2中"Java环境的安装与配置"的第6)步新建Java工程"environment",按照项目一1.1.2中"IDEA的常见设置"的步骤将"libs"文件夹中的jar包复制到"environment"工程中,并建立依赖关系。

2. 环境光和尘埃颗粒传感器数据读取命令的测试

用虚拟串口工具测试环境光和尘埃颗粒传感器数据读取命令:01。

结果为:

02 02 06 00 0A 00 00 27 0D B6 7D

命令解析如下。

第 0 字节 02:地址码;
第 1 字节 02:功能码;
第 2 字节 06:略;
第 3、4 字节 00 0A:环境光含量;
第 5~8 字节 00 00 27 0D:PPD42 含量;
第 9、10 字节 B6 7D :CRC 校验码。

项目2 任务1
操作视频

3. 基础数据类的编程

在"src"上新建包 com. sxjdxy. data,单击包 com. sxjdxy. data 新建类 Data,具体如下:

```java
package com.sxjdxy.data;

import com.newland.serialport.exception.NoSuchPort;
import com.newland.serialport.exception.NotASerialPort;
import com.newland.serialport.exception.PortInUse;
import com.newland.serialport.exception.SerialPortParameterFailure;
import com.newland.serialport.manage.SerialPortManager;
import gnu.io.SerialPort;

public class Data{
    public static final byte[] CONTROL = {0x01};
    public static SerialPort serialPort;
    static{
        try{
            serialPort = SerialPortManager.openPort("COM2",19200);
        } catch (SerialPortParameterFailure serialPortParameterFailure){
            serialPortParameterFailure.printStackTrace();
        } catch (NotASerialPort notASerialPort){
            notASerialPort.printStackTrace();
        } catch (NoSuchPort noSuchPort){
            noSuchPort.printStackTrace();
        } catch (PortInUse portInUse){
            portInUse.printStackTrace();
        }
    }
}
```

【想一想】

"public static final byte[ ] CONTROL = {0x01};"中的 0x 代表什么?

【拓展任务】

如果 01 为环境光传感器数据读取命令,02 为尘埃颗粒传感器数据读取命令,请设计基本数据类。

任务 2　环境光和尘埃颗粒传感器数据读取的实现

【任务目标】

(1) 能够实现传感器数据读取。
(2) 掌握字符串的使用方法。
(3) 掌握运算符和表达式的使用方法。
(4) 掌握分支语句的使用方法。
(5) 在编程注意根据功能分门别类地存放类与接口。

【任务描述】

编程实现环境光和尘埃颗粒传感器数据的读取。

【实施条件】

(1) Proteus 8.9 软件一套、环境光和尘埃颗粒监测系统的电路图一套。
(2) IDEA 家用版或者企业版（Java 程序开发的集成环境）。
(3) 64 位的 Java 运行环境 JDK。

2.2.1　相关知识点解读

1. 运算符和表达式

运算符就是用来运算的符号。运算符可以分为算术运算符、关系运算符、赋值运算符、逻辑运算符、位运算符、条件运算符、字符串运算符。

1）算术运算符和算术表达式

算术运算符按操作数的多少可分为一元（或称单目）和二元（或称双目）两类。一元运算符一次对一个操作数进行操作，二元运算符一次对两个操作数进行操作。算术运算符的操作数类型是数值类型。

微课　运算符和表达式

一元运算符有 +、-、++ 和 --。一元运算符具有右结合性。

二元运算符有 +、-、*、/ 和 %，这些运算符并不改变操作数的值，而是返回一个必须赋给变量的值，二元算术运算符具有左结合性。

【例 2-9】 算术运算符和算术表达式。

```
public class Main {
public static void main(String args[])
```

```
        {
            int i1 =12,i2 =5,i3 =i1/i2;
            double f1 =12,f2 =5,f3 =f1/f2;
            float d1 =12.5f,d2 =5,d3 =d1% d2;
            System.out.println("整数数据 i3 的值为:12/5 = " +i3);
            System.out.println("浮点型数据 f3 的值为:12/5 = " +f3);
            System.out.println("12.5% 5 = " +d3);
            int j =4,k =4;
            System.out.println("原来 j 的值是" +j +"   k 的值是" +k);
            System.out.println("j ++= " +(j ++));
            System.out.println(" ++k = " +( ++k));
            System.out.println("进行自加运算后,j 的值是" +j +"  k 的值是" +k);
        }
    }
```

程序运行结果为：

```
整数数据 i3 的值为:12/5 =2
浮点型数据 f3 的值为:12/5 =2.4
12.5% 5 =2.5
原来 j 的值是 4   k 的值是 4
j ++= 4
++k =5
进行自加运算后,j 的值是 5   k 的值是 5
```

2) 关系运算符和关系表达式

关系运算符用于确定一个数据与另一个数据之间的关系，即进行关系运算。所谓关系运算，是指比较运算，即将两个值进行比较。关系运算的结果值为 true、false（布尔型）。Java 提供了 6 种关系运算符，它们是 >（大于）、<（小于）、>=（大于或等于）、<=（小于或等于）、!=（不等于）和 ==（等于），它们都是双目运算符。运算符"=="和"!="的运算优先级低于另外 4 个关系运算符。

【例 2 -10】关系运算符和关系表达式。

```
public class Main {
    public static void main(String args[])
    {
        int i =3,j =5;
        boolean b1 =(i ==j);
        boolean s1 =(i >j)&&(i <j);
        boolean s2 =(i >j)||(i <j);
        boolean s3 =!(i >j);
        System.out.println("i ==j 的值是:" +b1);
        System.out.println("s1[(3 >5)&&(3 <5)]" +s1);
        System.out.println("s2[(3 >5) || (3 <5)]" +s2);
        System.out.println("s3[!(3 >5)]" +s3);
    }
}
```

程序运行结果为：

```
i ==j 的值是:false
s1[(3 >5)&&(3 <5)]false
s2[(3 >5)||(3 <5)]true
s3[! (3 >5)]true
```

3）逻辑运算符和逻辑表达式

逻辑运算符用于对布尔类型的数据进行操作，其结果也是一个布尔值。

逻辑运算符的运算规则如下。

（1）单目运算符!：将布尔值取反。

（2）双目运算符&&：当两个运算对象的值都为 true 时，结果为 true，其他情况下结果均为 false。

（3）双目运算符||：当两个运算对象的值都为 false 时，结果为 false，其他情况下结果均为 true。

4）条件运算符

条件运算符是一种三元运算符，它的格式如下：

```
布尔表达式 ? 表达式1 : 表达式2
```

在以上式子中，先计算布尔表达式的真假，若为真，则计算并返回表达式 1，若为假，则计算并返回表达式 2。例如：

```
(a > b)？a : b;  //将返回a和b中较大的那个数值
```

5）赋值运算符和赋值表达式

赋值运算符都是二元运算符，具有右结合性。

简单赋值运算符"="用来将一个数据赋给一个变量。在赋值运算符两侧的数据类型不一致的情况下，若左侧变量的数据类型的级别高，则右侧的数据被转换为与左侧相同的高级数据类型，然后赋给左侧变量。否则，需要使用强制类型转换运算符。

6）字符串运算符

运算符"+"可以实现两个或多个字符串的连接，也可实现字符串与其他类对象的连接，在连接时，其他类对象会被转换成字符串。另外，运算符"+="把两个字符串连接的结果放进第一个字符串里。例如，当想把几项输出内容输出在同一行时使用的就是"+"运算符。

7）位运算符

位运算符用来对二进制位进行运算，运算操作数应是整数类型，结果也是整数类型。Java 中提供了 7 种位运算符，它们是~（按位取反）、&（与运算）、|（或运算）、^（异或运算）、<<（左移）、>>（算术右移）和 >>>（逻辑右移）。其中前 4 种称为位逻辑运算符，后 3 种称为算术移位运算符。

8）类型转换

在一个表达式中可能有不同类型的数据进行混合运算，这是允许的，但在运算时，Java

将不同类型的数据转换成相同类型,再进行运算。

(1) 自动类型转换。

整型、实型和字符型数据可以进行混合运算。在运算中,不同类型的数据先转换成相同类型,然后进行运算。转换顺序为从低级到高级。可混合运算数据类型从低到高排列如下:

```
低 -> byte,short,char,int,long,float,double -> 高
```

(2) 强制类型转换。

高级数据要转换为低级数据时,需进行强制类型转换,Java 不像 C/C++ 那样允许此情况下的自动类型转换。从一种类型转换到另一种类型可以使用下面的语句:

```
int a;
char b;
b=(char)a;
```

加括号的 char 告诉编译器想把整型变成字符并把它放在 b 里。

(3) 表达式求值中的自动类型提升。

在表达式的求值过程中,运算中间值的精度有时会超出操作数的取值范围。例如:

```
byte x = 30,y = 50,z = 100;
int a = x * y /z;
```

在运算 x * y 项时,结果 1 500 已经超出了操作数 byte 类型的取值范围。为了解决这类问题,Java 在对表达式求值时,自动提升 byte 或 short 类型的数据为 int 类型数据。

9) 复合赋值运算符及表达式

在赋值运算符" = "之前加上任何双目运算符,都可以构成复合赋值运算符,如" += ""-="" *= "" \= ""%= "等。其作用是将运算符左边的操作数和运算符右边的操作数进行赋值号前面的运算后,将运算结果赋值给运算符左边的变量,其使用格式如下:

```
变量 复合赋值运算符 表达式
```

例如:

```
a +=5;
a /=x +y;
```

【例 2 – 11】类型转换。

```
public class Main {
public static void main(String args[])
{
    char c1;
    c1 = '\"';
    System.out.println("c1 的值是:" +c1);
    char c2 = 'A';
```

```java
        int i1 = c2;
        System.out.println("i1 = " + i1);
        short s1 = '竹';
        System.out.println("s1 = " + s1);
        double d1 = 1234.5677;
        float f1 = (float)d1;
        System.out.println("f1 = " + f1);
        int i2 = (int)f1;
        System.out.println("i2 = " + i2);
        int s = 56;
        s += 4 + s;
        System.out.println(s);
    }
}
```

程序运行结果为：

```
c1 的值是："
i1 = 65
s1 = 31481
f1 = 1234.5677
i2 = 1234
116
```

10）运算符的优先级及结合性

运算符的优先级及结合性见表 2 – 1。

表 2 – 1 运算符的优先级及结合性

优先级	运算符	结合性	说明
1	.	从左到右	—
	( )	从左到右	—
	[ ]	从左到右	—
2	+	从右到左	—
	-	从右到左	—
	++	从右到左	前缀增，后缀增
	--	从右到左	前缀减，后缀减
	~	从右到左	—
	!	从右到左	"!" 不可以与 "=" 联用
3	*	从左到右	—
	/	从左到右	整数除法：取商的整数部分，小数部分去掉，不四舍五入
	%	从左到右	—

续表

优先级	运算符	结合性	说明
4	+	从左到右	—
	-	从左到右	—
5	<<	从左到右	—
	>>	从左到右	—
	>>>	从左到右	—
6	<	从左到右	—
	<=	从左到右	—
	>	从左到右	—
	>=	从左到右	—
	instanceof	从左到右	—
7	==	从左到右	—
	!=	从左到右	—
8	&	从左到右	—
9	|	从左到右	—
10	^	从左到右	—
11	&&	从左到右	—
12	||	从左到右	—
13	? :	从右到左	—
14	=	从右到左	—
	+=		—
	-=		—
	*=		—
	/=		—
	%=		—
	&=		—
	|=		—
	^=		—
	<<=		—
	>>=		—
	>>>=		—

2. 分支语句

分支结构是程序根据条件判断的结果决定程序运行的流向。分支语句有以下 4 种。

微课 分支语句

1) if 语句

格式：
if (条件表达式)
{
语句
}

2) if…else 语句

格式：
if (条件表达式)
{
语句 1
}
else
{
语句 2
}

【例 2-12】求 x 的绝对值。

```
public class Main {
public static void main (String[] args)
{
    double x =-5.2,y;
    if(x >=0)
    {
        y = x;
    }
    else
    {
        y =-x;
    }
    System.out.println("x 的绝对值是" +y);
}
}
```

程序运行结果为：

x 的绝对值是 5.2

3) if…else if 语句

格式：

```
if(条件表达式1)  {语句1}
else if   (条件表达式2)  {语句2}
       ……
else if   (条件表达式n)  {语句n}
    else  {语句  n+1}
```

【例2-13】将学生成绩从百分制转换为优、良、中、及格和不及格5等。转换规则：优的标准是成绩为90~100分，良的标准是成绩为80~89分，中的标准是成绩为70~79分，及格的标准是成绩为60~69分，不及格的标准是成绩在60分以下。

```java
public class Main{
public static void main (String[] args)
{
    float score=78;
    String level;
    if((score>=90)&&(score<=100))
    {
        level="优";
    }
    else if((score>=80)&&(score<=89))
    {
        level="良";
    }
    else if((score>=70)&&(score<=79))
    {
        level="中";
    }
    else if((score>=60)&&(score<=69))
    {
        level="及格";
    }
    else
    {
        level="不及格";
    }
    System.out.println("您的分数是"+score+"您的等级是"+level);
}
}
```

程序运行结果为：

您的分数是78.0您的等级是中

3. 字符串

字符串或串（String）是由零个或多个字符组成的有限序列。在Java中，字符串是通过类的对象实现的。

微课 字符串

字符串有两个标准类：String 类和 StringBuffer 类。String 类的字符串对象不能被改变，也就是说用 String 类创建的字符串中的字符是不能改变的。StringBuffer 类可以改变字符串的内容和长度。

1）字符串的创建

在 Java 中，创建字符串的方式有两种：一种是使用 String 类提供的构造方法，另一种是直接将字符串常量用引号括起来。

（1）使用 String 类的构造方法。

① public String( )：构造一个空字符串对象，这个对象不包含任何字符，其长度为 0。

② public String(String original)：original 为 String 对象，由该对象构造一个字符串对象。

③ public String(StringBuffer buffer)：buffer 为 StringBuffer 对象，由该对象构造一个字符串对象。

④ public String(char[ ] value)：value 为字符数组，将该数组中的所有字符元素连接成串，构造一个字符串对象。

⑤ public String(char[ ] value, int offset, int count)：value 为原字符数组，offset 为子数组的起始索引值，count 为子数组长度，指由 value 数组的从 offset 位置开始、长度为 count 的子数组构造一个字符串对象。

⑥ public String(byte[ ] bytes)：bytes 为由字节编码构成的字节数组，将字节数组 bytes 的各元素串成一个字符串对象。

（2）直接引用字符串。

格式：

```
String 字符串对象;
字符串对象 = "字符串对象";
String 字符串对象 = "字符串对象";
```

例如：

```
String s = "hello world";
```

【例 2-14】字符串的定义与应用。

```
public class Main {
    public static void main (String[] args)
    {
        char c[] = {'h','e','l','l','o',' ','w','o','r','l','d'};
```

```
        byte b[] = {(byte)'h',(byte)'a',(byte)'p',(byte)'p',(byte)'y'};
        StringBuffer str = new StringBuffer("good");
        String s1;
        s1 = "happy new year!";
        String s2 = new String();
        String s3 = new String("I am ok!");
        String s4 = new String(str);
        String s5 = new String(c);
        String s6 = new String(c,6,5);
        String s7 = new String(b);
        System.out.println("s1 = " + s1);
        System.out.println("s2 = " + s2);
        System.out.println("s3 = " + s3);
        System.out.println("s4 = " + s4);
        System.out.println("s5 = " + s5);
        System.out.println("s6 = " + s6);
        System.out.println("s7 = " + s7);
    }
}
```

程序运行结果为：

```
s1 = happy new year!
s2 =
s3 = I am ok!
s4 = good
s5 = hello,world
s6 = world
s7 = happy
```

2）字符串的常用方法。

String 提供的对字符串操作的常用方法如下。

(1) 求字符串长度。

public int length()：获取字符串数组长度。

例如：

```
String s = "this is a book."
int k = s.length;
```

(2) 连接字符串。

public String concat(String str)：将 str 的字符串追加到原字符串末尾，构成一个字符串。

例如：

```
String s = "this is";
s = s + "a book.";
```

或

```
String s = "this is";
s.concat("a book.");
```

（3）比较字符串。

① public boolean equals(Object anObject)：将原字符串和 anObject 比较，看是否相等，若相等，则返回 true，否则返回 false。例如：

```
s.equals("this is a book.");
```

② public boolean equalsIgnoreCase(String str)：在忽略大小写的情况下将原字符串和 str 比较，看是否相等，若相等，则返回 true，否则返回 false。例如：

```
s.equalsIgnoreCase("This is a book.");
```

③ public int compareTo（String anotherString）：将原字符串和 anotherString 比较，若相等，则返回 0；如果比原字符串大，则返回一个正整数；如果比原字符串小，则返回一个负整数。

④ public int compareToIgnore(String anotherString)：在忽略字符串大小写的情况下将原字符串和 anotherString 比较，若相等，则返回 0；如果比原字符串大，则返回一个正整数；如果比原字符串小，则返回一个负整数。

【例 2-15】字符串的比较。

```
public class Main{
public static void main(String[] args)
{
    String str1 = "good";
    String str2 = new String("Good");
    String str3 = new String("good");
    System.out.println("字符串 str1'good' == 字符串 str3'good'的值:" +(str1 == str3));
    System.out.println("对象 str1(good) equals 对象 str3(good)的值:" + str1.equals(str3));
    System.out.println("'good'equalsIgnoreCase 'good': " + str1.equalsIgnoreCase(str2));
    System.out.println("'good'compareTo 'good': " + str1.compareTo(str3));
    System.out.println(str1.compareToIgnoreCase(str2));
}
}
```

程序运行结果为：

```
字符串 str1'good' == 字符串 str3'good'的值:false
对象 str1(good) equals 对象 str3(good)的值:true
'good'equalsIgnoreCase 'good': true
'good'compareTo 'good': 0
0
```

（4）修改字符串。

① public String subString(int beginIndex)：返回一个从 beginIndex 开始到字符串结尾的字符串。

例如：

```
String s1 = "goodmoring";
String s2 = s1. substring(4);
```

② public String subString(int beginIndex, int endIndex)：返回一个从 beginIndex 开始到 endIndex - 1 结尾的字符串。

例如：

```
String s1 = "goodmoring";
String s2 = s1. substring(3,12);
```

③ public String replace(char oldChar, char newChar)：将原字符串 oldChar 中的字符用 newChar 取代。

例如：

```
String s1 = "goodmoring";
String s2 = s1. replace('o','e');
```

④ public String trim()：将字符串的首尾空格消除。

例如：

```
String s1 = "  goodmoring  ";
String s2 = s1. trim();
```

(5) 查找字符串。

① public indexOf(int ch)：返回要查找的字符 ch（字符的 Unicode 值）在原字符串中出现的第一个位置。

例如：

```
String s1 = "goodmoring";
String s2 = s1. indexOf('o');
```

② public LastIndexOf(int ch)：返回要查找的字符 ch（字符的 Unicode 值）在原字符串中出现的最后一个位置。

例如：

```
String s1 = "goodmoring";
String s2 = s1. LastIndexOf('o');
```

③ public indexOf(int ch, int fromIndex)：返回要查找的字符 ch（字符的 Unicode 值）在原字符串中从 fromIndex 开始出现的第一个位置。

例如：

```
String s1 = "goodmoring";
String s2 = s1. indexOf('o');
```

④ public LastIndexOf(int ch,int fromIndex)：返回要查找的字符 ch（字符的 Unicode 值）在原字符串中从 fromIndex 开始出现的最后一个位置。

例如：

```
String s1 = "goodmoring";
String s2 = s1. LastIndexOf('o');
```

⑤ public indexOf(String str)：返回要查找的字符串 str 在原字符串中出现的第一个位置。

例如：

```
String s1 = "goodmoring";
String s2 = s1. indexOf('mor');
```

⑥ public LastIndexOf(String str)：返回要查找的字符串 str 在原字符串中出现的最后一个位置。

例如：

```
String s1 = "goodmoring";
String s2 = s1. LastIndexOf('mor');
```

⑦ public indexOf(String str,int fromIndex)：返回要查找的字符串 str 在原字符串中从 fromIndex 开始出现的第一个位置。

例如：

```
String s1 = "goodmoring";
String s2 = s1. indexOf('or');
```

⑧ public LastIndexOf(String str,int fromIndex)：返回要查找的字符串 str 在原字符串中从 fromIndex 开始出现的最后一个位置。

例如：

```
String s1 = "goodmoring";
String s2 = s1. LastIndexOf('or')
```

(6) 字符串与其他数据类型的转换。

① public String toString()：返回一个 String 对象，该对象包含描述类中对象的可读字符串。

② public static(数据类型 data)：将 data 转化为字符串，这里数据类型可以是：Object、float、int、short、long、boolea、char。

例如：

```
double d = 15.66d;
Date day = new Date();
String aa = day.toString();
String bb = String.valueOf(d);
```

(7) 其他常用的方法。

① public boolean starWith(String prefix)：如果字符串以 prefix 开始，则返回 true，否则返回 false。

② public boolean endsWith(String suffix)：如果字符串以 prefix 结尾，则返回 true，否则返回 false。

③ public String toLowerCase()：将字符串所有的大写字母转换为小写字母。

④ public String toUpperCase()：将字符串所有的小写字母转换为大写字母。

例如：

```
String a = "abcDEFghl";
Boolean b = s.starWith("abc");
Boolean c = s.endsWith("ghl");
String d = s.toLowerCase();
String e = s.toUpperCase();
```

2.2.2 任务实施

1. 传感器接口的实现

新建包 com.sxjdxy.device，右击包 com.sxjdxy.device，新建接口 Sensor，具体如下：

项目2 任务2 操作视频

```
    package com.sxjdxy.device;
public interface Sensor{
    public void readSensorMessage();
}
```

2. 传感器数据读取功能的实现

新建包 com.sxjdxy.control，右击包 com.sxjdxy.control，新建类 SensorControl，具体如下：

```
    package com.sxjdxy.control;
import com.newland.serialport.exception.SendDataToSerialPortFailure;
import com.newland.serialport.exception.SerialPortOutputStreamCloseFailure;
import com.newland.serialport.exception.TooManyListeners;
import com.newland.serialport.manage.SerialPortManager;
import com.newland.serialport.utils.ByteUtils;
import com.sxjdxy.data.Data;
import com.sxjdxy.device.Sensor;
import gnu.io.SerialPortEvent;
import gnu.io.SerialPortEventListener;
```

```java
import java.text.DecimalFormat;

public class SensorControl implements Sensor {
    @Override
    public void readSensorMessage() {
        try {
            SerialPortManager.sendToPort(Data.serialPort, Data.CONTROL);
        } catch (SendDataToSerialPortFailure sendDataToSerialPortFailure) {
            sendDataToSerialPortFailure.printStackTrace();
        } catch (SerialPortOutputStreamCloseFailure serialPortOutputStreamCloseFailure) {
            serialPortOutputStreamCloseFailure.printStackTrace();
        }
        try {
            SerialPortManager.addListener(Data.serialPort, new SerialPortEventListener() {
                @Override
                public void serialEvent(SerialPortEvent serialPortEvent) {
                    byte[] res = SerialPortManager.readFromPort(Data.serialPort);
                    String ppd42 = ByteUtils.byteToHex(res[5]) + ByteUtils.byteToHex(res[6])
                            + ByteUtils.byteToHex(res[7]) + ByteUtils.byteToHex(res[8]);
                    double ppd42Value = Integer.parseInt(ppd42, 16);
                    DecimalFormat df = new DecimalFormat("00.00");
                    String ppd42Str = df.format(ppd42Value);
                    System.out.print("微颗粒含量:" + ppd42Str + ",");
                    String als_pt19 = ByteUtils.byteToHex(res[3]) + ByteUtils.byteToHex(res[4]);
                    double als_pt19Value = Integer.parseInt(als_pt19, 16);
                    String als_pt19Str = df.format(100 - als_pt19Value);
                    System.out.print("环境光含量:" + als_pt19Str);
                }
            });
        } catch (TooManyListeners tooManyListeners) {
            tooManyListeners.printStackTrace();
        }
    }
}
```

> **想一想**
>
> 如果 01 为环境光传感器命令，读取结果中第 3、4 字节为环境光含量；02 为尘埃颗粒传感器命令，读取结果中第 3～6 字节为尘埃颗粒传感器数据，则传感器数据读取类需要几个方法？

3. 主类的实现

新建包 com.sxjdxy.main，将主类 Main 拖到包 com.sxjdxy.main 中，修改类 Main，具体如下：

```
    package com.sxjdxy.main;
import com.sxjdxy.control.SensorControl;
public class Main {
    public static void main(String args[]){
        new SensorControl().readSensorMessage();
    }
}
```

4. 运行程序

运行程序，结果如图 2 – 3 所示。

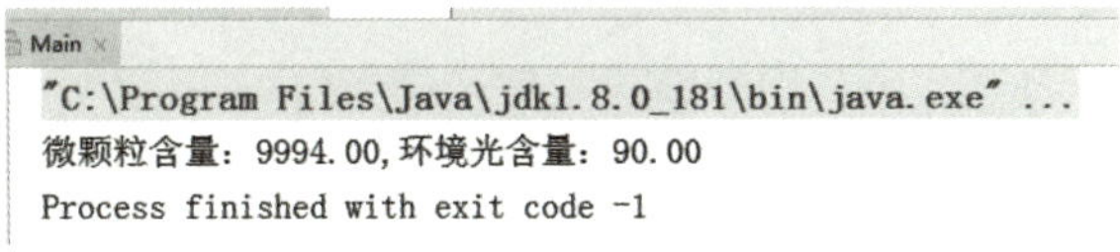

```
Main
"C:\Program Files\Java\jdk1.8.0_181\bin\java.exe" ...
微颗粒含量：9994.00,环境光含量：90.00
Process finished with exit code -1
```

图 2 – 3　读取的传感器数据

【拓展任务】

如果 01 为环境光传感器数据读取命令，读取结果中第 3、4 字节为环境光含量；02 为尘埃颗粒传感器数据读取命令，读取结果中第 3~6 字节为尘埃颗粒传感器数据，请设计传感器数据读取类以及主类。

【项目总结】

本项目基于虚拟串口工具 SSCOM32，首先测试了环境光和尘埃颗粒传感器数据读取命令是否正确、可否测试数据，并对测试的数据进行分析，之后以此为依据借助静态、数组设计了基础数据类 Data，然后借助知识点运算符和表达式、分支语句、字符串实现了环境光和尘埃颗粒传感器数据读取功能的实现类 SensorControl 及方法 readSensorMessage( )，并在主类中通过实例化类 SensorControl 对象，通过对象方法 readSensorMessage( ) 读取了传感器数据，通过输出语句输出传感器的结果。对于读者来说，最重要的是掌握编程的技巧以及智能系统工程的设计思路和步骤。

附：项目二"环境监测系统的设计"工作任务书

项目二"环境监测系统的设计"
工作任务书

课程名称：_____
专　　业：_____
班　　级：_____
姓　　名：_____
学　　号：_____

山西机电职业技术学院

一、学习目标

（1）掌握数组的概念及编程方法。
（2）掌握静态的使用。
（3）掌握字符串的使用。
（4）掌握成员方法的使用。
（5）能够编程实现室内外二氧化碳监测。

二、学时

4 学时。

三、任务描述

编程实现环境光传感器 ALS – PT19、尘埃颗粒传感器 PPD42 的数据读取。环境监测仿真电路图如图 2 – 1 所示。

四、工作流程与活动

学习活动 1：基础数据类的编程（2 学时）。
学习活动 2：环境光和尘埃颗粒传感器数据读取的实现（2 学时）。

学习活动 1　基础数据类的编程

一、学习目标

（1）能够将环境光和尘埃颗粒传感器数据读取的命令转换为基础数据类。
（2）掌握静态的编程方法。

二、学习描述

首先用虚拟串口工具测试传感器数据读取命令，验证命令的正确性，然后将 Modbus 串口命令通过编程转换为传感器命令常数，并设计串口变量以及打开串口的静态语句块。

三、学习准备

查看是否已有以下工具。
（1）Proteus 8.9 软件一套、环境光和尘埃颗粒监测系统的电路图一套。
（2）IDEA 家用版或者企业版（Java 程序开发的集成环境）。
（3）64 位的 Java 运行环境 JDK。

四、学习过程

（1）环境光和尘埃颗粒传感器命令的测试。
用虚拟串口工具测试环境光和尘埃颗粒传感器数据读取命令：01。
结果为：

(2) 在"src"上新建包 com. sxjdxy. data,单击包 com. sxjdxy. data 新建类 Data,具体如下:

(3) "public static final byte[ ] CONTROL = {0x01};"中的 0x 代表什么?

(4) 如果 01 为环境光传感器数据读取命令,02 为尘埃颗粒传感器数据读取命令,请设计基本数据类。

五、任务评价

任务评价表见表 2-2。

表 2-2 任务评价表

班级		姓名		学号			日期	年 月 日
序号	评价点				配分	得分	总评	
1	环境光和尘埃颗粒传感器数据读取命令分析是否正确?				20		A□ (86~100) B□ (76~85) C□ (60~75) D□ (<60)	
2	环境光和尘埃颗粒传感器命令的应答信息分析是否正确?				20			
3	类 Data 的常数是否出错?				20			
4	0x 代表的含义是否正确?				20			
5	环境光和尘埃颗粒传感器的基本数据类是否正确?				20			
小结建议								
建议								
					评定人:(签名)		年 月 日	

学习活动 2　环境光和尘埃颗粒传感器数据读取的实现

一、学习目标

（1）能够实现传感器数据的读取。
（2）掌握字符串的使用方法。
（3）掌握运算符和表达式的使用方法。
（4）掌握分支语句的使用方法。
（5）在编程注意根据功能分门别类地存放类与接口。

二、学习描述

编程实现环境光和尘埃颗粒传感器数据的读取。

三、学习准备

查看是否已有以下工具。
（1）Proteus 8.9 软件一套、环境光和尘埃颗粒监测系统的电路图一套。
（2）IDEA 家用版或者企业版（Java 程序开发的集成环境）。
（3）64 位的 Java 运行环境 JDK。

四、学习过程

（1）新建包 com.sxjdxy.device，右击包 com.sxjdxy.device，新建接口 Sensor，具体如下：

（2）新建包 com.sxjdxy.control，右击包 com.sxjdxy.control，新建类 SensorControl，具体如下：

（3）新建包 com.sxjdxy.main，将主类 Main 拖到包 com.sxjdxy.main 中，修改类 Main，具体如下：

（4）如果01为环境光传感器数据读取命令，读取结果中第3、4字节为环境光含量；02为尘埃颗粒传感器数据读取命令，读取结果中第3~6字节为尘埃颗粒传感器数据，请设计传感器数据读取类以及主类。

五、任务评价

任务评价表见表2-3。

表2-3 任务评价表

班级		姓名		学号		日期	年　月　日
序号		评价点			配分	得分	总评
1		包设计是否正确？			15		A□（86~100） B□（76~85） C□（60~75） D□（<60）
2		接口 Sensor 设计是否正确？			25		
3		主类能否实现环境光和尘埃颗粒传感器数据的读取与显示？			15		
4	类 SensorControl	是否具有捕捉异常的功能？			15	45	
		能否实现环境光传感器数据的读取与显示？			15		
		能否实现尘埃颗粒传感器数据的读取与显示？			15		
小结 建议							
建议					评定人：（签名）		年　月　日

项目三

火灾报警系统的设计

【项目描述】

利用 Proteus 开关元件模拟的由火焰传感器、烟雾传感器、LED 灯、喇叭构成的火灾报警系统仿真电路图如图 3-1 所示。编程实现火灾报警系统的监控，当有烟雾和火焰发生时 LED 灯和喇叭同时报警，没有时自动解除报警，要求用户必须注册用户名和密码，使用报警系统时登录系统，当用户名和密码正确登录系统，否则不允许登录系统。

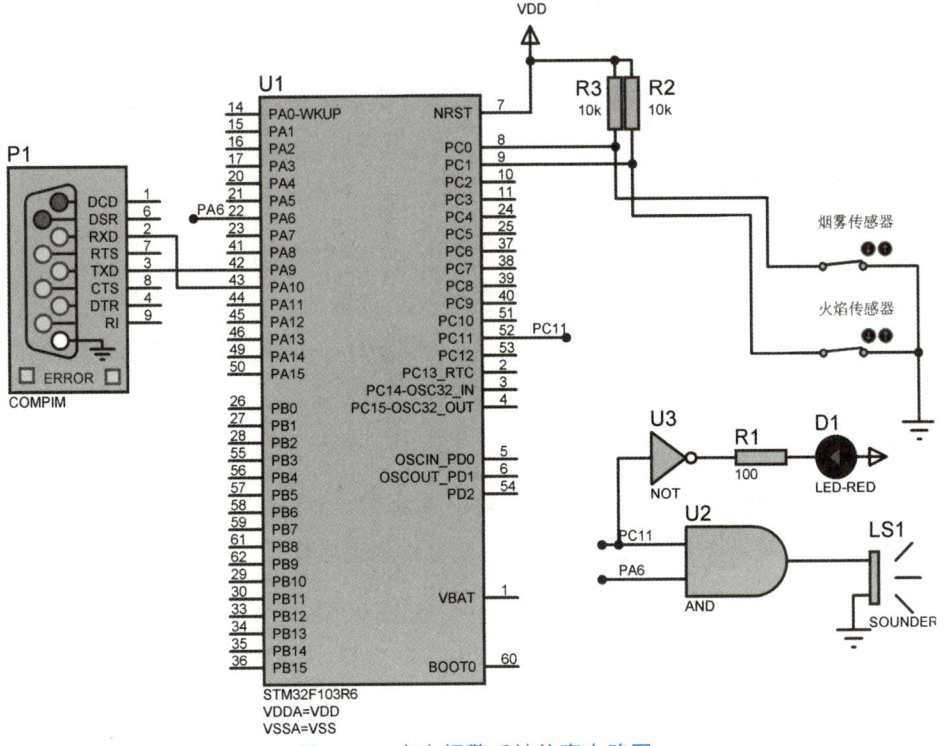

图 3-1 火灾报警系统仿真电路图

【项目目标】

(1) 熟悉数组的概念及编程方法。

(2) 熟悉静态的使用。

(3) 熟悉字符串的使用。

（4）熟悉成员方法的使用。

（5）掌握异常与捕捉的使用。

（6）掌握类与对象的使用。

（7）掌握输入/输出流的编程方法。

（8）能够编程实现火灾报警系统。

（9）基于异常与捕捉正确理解犯错与纠错对人生的意义。

（10）基于注册与登录深刻领会遵纪守法的意义。

项目 3　Proteus 仿真电路

项目 3　作业及答案

任务 1　基础数据类的编程

【任务目标】

（1）能够将传感器信息读取命令、开/关报警灯命令转换为基础数据类。

（2）熟悉静态的编程方法。

（3）掌握异常与捕捉的使用。

【任务描述】

首先用虚拟串口工具测试来自串口的传感器信息读取命令、开/关报警灯命令，验证命令的正确性，而后将传感器信息读取命令、开/关报警灯命令通过编程转换为命令常数，并设计打开串口和关闭串口的方法。

【实施条件】

（1）Proteus 8.9 软件一套、火灾报警系统的电路图一套。

（2）IDEA 家用版或者企业版（Java 程序开发的集成环境）。

（3）64 位的 Java 运行环境 JDK。

3.1.1　相关知识点解读

每个人在成长时都会面对一些错误。犯错、知错、改错的过程，就是渐渐成长的过程。知错认错，有错必改，这是一种正确的人生态度。Java 也具有对可能出现异常的语句进行捕捉与处理的功能。

下面介绍异常与捕捉

1. 异常

异常是在程序运行过程中发生的非正常事件，例如除 0 溢出、数组越界、文件找不到等，这些事件的发生将阻止程序的正常运行。设计程序时，必须考虑到可能发生的异常事件并做出相应的处理。

微课　异常与捕捉

2. Java 异常处理机制

对各种不同类型的异常情况进行分类，用 Java 类来表示异常情况，这种类称为异常类。把异常情况表示成异常类，可以充分发挥类的可扩展和可重用的优势。

异常流程的代码和正常流程的代码分离，提高了程序的可读性，简化了程序的结构。

可以灵活地处理异常，如果当前方法有能力处理异常，就捕获并处理它，这称为捕获异常；否则只需抛出异常，由方法调用者来处理它，这称为抛出异常。

3. 异常处理——捕获异常

在 Java 中，用 try 和 catch 语句来处理异常。格式如下：

```
try{
    //需监测的代码
}
catch(SpecialException e)
{
    //对特殊异常进行处理的代码
}
catch(Exception e)
{
    //对普通异常进行处理的代码
}
```

catch 子句可以有多个，分别处理不同类型的异常。

捕获一个异常对象后，Java runtime system 从上到下分别对每个 catch 语句处理的异常类型进行检测，直到找到与异常对象类型匹配的 catch 语句为止。若 catch 所处理的异常类型与捕获的异常对象的类型（或者它的父类）完全一致，则执行该 catch 语句块，不再做检测。因此，catch 语句的排列顺序应该是从特殊到一般。

也可以用一个 catch 子句处理多个异常类型，这时它的异常类型参数应该是多个异常类型的父类。

【例 3-1】异常举例。

```
    import java.io.FileInputStream;
import java.io.FileNotFoundException;

public class Main{
    public static void main(String[] args)
    {
```

```java
        try
        {
            FileInputStream s = new FileInputStream("ddd.doc");
            System.out.println("ddd.doc 是 word 文档");
        }
        catch(FileNotFoundException e)
        {
            System.out.println("文件没有找到" + e.toString());
        }
        catch(Exception e)
        {
            System.out.println("其他异常");
        }
    }
}
```

程序运行结果为：

文件没有找到 java.io.FileNotFoundException: ddd.doc （系统找不到指定的文件）

如果一个方法不想处理异常，可以通过 throws 语句将异常抛向上级调用方法。

【例 3-2】抛出异常。

```java
public class Main
{
    static int method1(int x)throws Exception
    {
        if(x<0) throw new Exception("x<0");
        System.out.println("method1's result = " + x);
        return ++x;
    }
    static int method2(int x)throws Exception
    {
        int result = method1(x);
        System.out.println("method2's result = " + result);
        return result;
    }
    public static void main(String args[])throws Exception
    {
        int result = method2(-1);
        System.out.println("main method's result = " + result);
    }
}
```

程序运行结果为

```
Exception in thread "main" java.lang.Exception: x<0
    at Main.method1(Main.java:6)
    at Main.method2(Main.java:12)
    at Main.main(Main.java:18)
```

方法 method1、method1 分别抛出 Exception。当方法执行过程中抛出异常时，就会终止该方法中剩下代码的处理，并退出该方法，如果方法仍然想在抛出异常后能执行一些处理，如资源回收，则可使用 finally 语句。若方法自己捕捉异常，则处理完异常后，catch 语句块后的语句仍会被执行。

【例 3-3】finally 语句。

```
public class Main
{
    static int method1(int x) throws Exception{
        if(x<0)throw new Exception("x<0");
        return x++;
    }

    public static void main(String args[]){
        try{
            System.out.println(method1(-1));
            System.out.println("end");      //产生异常时,不执行
        }catch(Exception e){
            System.out.println("Wrong");
        }finally{
            System.out.println("Finally");
        }
    }
}
```

程序运行结果为：

```
Wrong
Finally
```

在 finally 子句中可以进行资源的清除工作，如关闭打开的文件、释放一个锁对象等。finally 语句不被执行的唯一情况是程序先执行了终止程序的 System.exit() 方法。

4. 用户定义异常

用户定义异常是通过扩展 Exception 类或 RuntimeException 来创建的。

【例 3-4】用户定义异常。

```
class AnswerWrongException extends Exception {
    private int result;
    public AnswerWrongException (int result){
        this.result = result;
    }
    public int getResult() {
        return result;
    }
}
public class Main{
```

```java
    public static void test(int x,int y,int z) throws AnswerWrongException{
       if(x+y!=z) throw new AnswerWrongException(z);
       System.out.println(x+" + "+y+" = "+z);
    }
    public static void main(String args[]) {
       try{
          test(1,2,5);
          System.out.println("end");
       }catch( AnswerWrongException e){
          System.out.println("result is wrong:"+e.getResult());
          e.printStackTrace();
       }
    }
}
```

程序运行结果为：

```
AnswerWrongException
    at Main.test(Main.java:12)
    at Main.main(Main.java:17)
result is wrong:5
```

5. 获得异常信息

Exception 提供了如下方法。

(1) toString()，用于返回异常类名 AnswerWrongException。

(2) getMessage()。

(3) printStackTrace()，为异常处理的方法栈。

例如：

```
try{
     test(1,2,5);
     System.out.println("end");
   }catch( AnswerWrongException e){
      e.printStackTrace();
   }
```

3.1.2 任务实施

1. 打开 Proteus 仿真电路

打开 alarm.pdsprj Proteus 仿真电路，将 alarm.hex 下载到 STM32F103r6 单片机中，启动运行。

用虚拟串口工具 SSCOM32 测试，设置波特率为 9 600，选择

"HEX 发送"和"HEX 显示"选项,然后输入命令。当输入"01"时,喇叭报警;当输入"02"时,喇叭报警解除;当输入"03"时虚拟串口工具显示窗口显示读取到 Modbus 命令,具体为"02 03 01 00 F0 0C",其中第 1 个字节 02 为地址码,第 2 个字节 03 为功能码,第 3 个字节 01 代表有 1 个字节,第 4 个字节 00 为读取的传感器值,第 5、6 个字节 F0 0C 为校验码。将 0 写成二进制 0000000,这个二进制分别对应 DI6DI5DI4DI3DI2DI1DI0,如图 3-2 所示。其中 0 代表"正常",1 代表"报警"。

DI0	DI1	DI2	DI3	DI4	DI5	DI6
0	0	0	0	0	0	0

图 3-2 传感器值与 ADAM4150 接线的对应关系

2. 打开 IntelliJ IDEA 2018.1.6

选择"File"→"New"→"Project…"命令,单击"Next"按钮,输入工程名,如"binanerysensor",单击"Finish"按钮。

3. 新建包

右击"src",新建包 com.sxjdxy.data,右击包 com.sxjdxy.data,新建类,输入类名"Data",单击"Ok"按钮,完成类的创建。具体如下:

```java
package com.sxjdxy.data;

import com.newland.serialport.exception.NoSuchPort;
import com.newland.serialport.exception.NotASerialPort;
import com.newland.serialport.exception.PortInUse;
import com.newland.serialport.exception.SerialPortParameterFailure;
import com.newland.serialport.manage.SerialPortManager;
import gnu.io.SerialPort;

public class Data {
    public static final byte[] CONTROL1 = {0x01};
    public static final byte[] CONTROL2 = {0x02};
    public static final byte[] CONTROL3 = {0x03};
    public static SerialPort serialPort;
    static {
        try {
            serialPort = SerialPortManager.openPort("COM2",9600);
        } catch (SerialPortParameterFailure serialPortParameterFailure) {
            serialPortParameterFailure.printStackTrace();
        } catch (NotASerialPort notASerialPort) {
            notASerialPort.printStackTrace();
        } catch (NoSuchPort noSuchPort) {
            noSuchPort.printStackTrace();
        } catch (PortInUse portInUse) {
            portInUse.printStackTrace();
        }
    }
}
```

> **想一想**
>
> 如果开报警灯命令为 cc，则命令常数应写为 "public static final byte[] Control1 = {(byte) 0xcc};"，为什么 0xcc 前面要加 "(byte)"？

【拓展任务】

如果开报警灯命令为 cc，请设计基础数据类代码。

任务 2　火灾报警功能的编程

【任务目标】

(1) 能够实现火灾报警功能的编程。
(2) 熟悉成员方法的编程方法。
(3) 掌握类与对象的编程方法。
(4) 结合类与对象领悟普遍与特殊的哲学思想。
(5) 严格按照国家软件文档规范编写代码。

【任务描述】

编程实现当有火焰或者烟雾出现时，报警灯报警，反之取消报警的功能。

【实施条件】

(1) Proteus 8.9 软件一套、火灾报警系统的电路图一套。
(2) IDEA 家用版或者企业版（Java 程序开发的集成环境）。
(3) 64 位的 Java 运行环境 JDK。

3.2.1　相关知识点解读

普遍性与特殊性是事物矛盾关系的两方面。

普遍性孕育在特殊性中。每个个体都是特殊的，它们有着各种各样的差别，世界上没有两片完全相同的树叶。每一种运动都有其特殊性，有直线，有曲线，有长，有短，有高，有低。每一种物质也有其特殊性，有大，有小，有硬，有软，有实，有虚。用一种特殊性的规律研究另一种特殊性，就容易出错误。Java 的类与对象中，类就是普遍的具体表现，对象就是特殊的具体表现。

类与对象

1. 类与对象的概念

在 Java 中，类是组成程序的基本单位，类是创建对象的模板，对象是类的实例。对象是现实世界中具体存在的实体，实体中共有的内容被抽象出来就是类。现实世界中实体的属性对应类中的变量（有的书中称为属性），其行为对应类中的方法。

例如薯片有包装、形状、味道等，这就是类的属性或者类的变量，如果描述具体的某个厂家的薯片，就可以用诸如包装是红色的或者黄色的、薯片形状是圆的或者方的、味道是甜的或者辣的来描述，这就是类的实例化，也就是常说的对象。

2. 类的定义

Java 类的格式如下：

```
[修饰符]class 类名 [extends 父类名][implements 接口名序列]
{
成员变量声明              // 类体
方法成员声明
}
```

说明：

class、extends 和 implements 都是 Java 的关键字。extends 表示本类是从父类继承而来的子类，implements 表明本类要实现哪些接口。类名的定义最好做到见名知意。[ ] 表示其中的内容是可选项。类的定义包括类的成员和类的方法。

1) 类的修饰符

（1）public：说明此类是公共类，可以被任何类访问。一个程序中只能有一个公共类，否则会出现编译错误。

（2）final：说明此类是最终类。其他类不能继承。

（3）abstract：表示此类为抽象类，此类只能被子类继承使用，不能实例化此类。

（4）default：表示此类没有任何修饰符。本类中的数据成员和方法采用默认的访问权限，即可以被同一包中的其他类存取和访问。

2) 类的主体

类的主体的格式如下：

```
{
//类数据成员的定义
[修饰符] 数据类型 成员变量1[ = 初值];
[修饰符] 数据类型 成员变量2[ = 初值];
……
//类成员方法的定义
[修饰符] 返回类型 成员方法1(参数列表)
{
方法体
}
```

```
[修饰符] 返回类型 成员方法2(参数列表)
{
    方法体
}
……

}
```

说明：

（1）数据成员的数据类型可以是 Java 规定的任何数据类型，方法的返回类型比数据成员的数据类型多一个 void 类型，即没有返回类型。

（2）final：根据程序上下文环境，Java 关键字 final 有"这是无法改变的"或者"终态的"含义，它可以修饰非抽象类成员方法和变量。

final 方法不能被子类的方法覆盖，但可以被继承；final 成员变量表示常量，只能被赋值一次，赋值后值不再改变。

（3）static：static 表示"全局"或者"静态"的意思，用来修饰成员变量和成员方法，也可以形成静态语句块，如果修饰语句块，意味着该语句块最优先被执行。

被 static 修饰的成员变量和成员方法独立于该类的任何对象。也就是说，它不依赖类特定的实例，被类的所有实例共享。只要这个类被加载，JVM 就能根据类名在运行时数据区的方法区内找到它们。因此，static 对象可以在它的任何对象创建之前访问，无须引用任何对象。

用 public 修饰的 static 成员变量和成员方法本质是全局变量和全局方法，当声明它的类对象时，不生成 static 变量的副本，而是类的所有实例共享同一个 static 变量。

static 变量前可以有 private 修饰，表示这个变量可以在类的静态代码块中，或者类的其他静态成员方法中使用，但是不能在其他类中通过类名直接引用，这一点很重要。实际上读者需要明白，private 是访问权限限定，static 表示无须实例化就可以使用，这样就容易理解了。static 前面加上其他访问权限关键字的效果也依此类推。

static 修饰的成员变量和成员方法习惯上称为静态变量和静态方法，可以直接通过类名来访问，访问的语法格式如下：

```
类名.静态方法名(参数列表…)
类名.静态变量名
```

（4）方法修饰符 abstract 表示此方法是抽象方法。注意抽象方法只能定义方法头，不能定义方法体。

【例3-5】定义一个矩形类，并计算面积。

```
public class Rectangle
{
    public float width;
    public float length;
```

```
    public void getLW()
    {
System.out.println("长:"+length);
System.out.println("宽:"+width);
    }
    public float getArea()
    {
        return length*width;
    }
}
```

3. 对象

对象是一种实例化的变量。一个类只有实例化后其成员变量和成员方法才能访问。

1) 对象的创建

格式 1:

类名 对象名;
说明:这种格式用于对象的声明。

格式 2:

对象名 = new 构造方法(构造方法的参数值列表);
说明:这种格式用于对象的实例化,即为对象分配内存空间。

格式 3:

类名 对象名 = new 构造方法(构造方法的参数值列表);
说明:这种格式用于对象的声明,同时为对象分配内存空间。

例如:

```
Rectangle rect1;
rect1 = new Rectangle();
Rectangle rect1 = new Rectangle();
```

2) 对象的使用

格式:

对象名.数据成员名;
对象名.成员方法名(成员方法的参数值列表);
说明:运算符"."在这里称为成员运算符,在对象名和成员变量或成员方法名之间起连接的作用,指明是哪个对象的哪个成员变量或成员方法。

【例 3-6】利用 Rectangle 创建对象。

```
class Rectangle
{
    public float width;
```

```java
        public float length;
        public void getLW()
        {
        System.out.println("长:"+length);
        System.out.println("宽:"+width);
        }
        public float getArea()
        {
            return length*width;
        }
        public Rectangle()
        {
            length=100;
            width=100;
        }
        public Rectangle(float len,float wid)
        {
            length=len;
            width=wid;
        }
}
public class Main
{
    public static void main (String[] args)
    {
        float area1,area2;
        Rectangle rect1=new Rectangle();
        Rectangle rect2=new Rectangle(3,4);
        area1=rect1.getArea();
        System.out.println("矩形 rect1:");
        rect1.getLW();
        System.out.println("面积为"+area1);
        System.out.println("矩形 rect2:");
        rect2.getLW();
        System.out.println("面积为"+rect2.getArea());
    }
}
```

程序运行结果为:

矩形 rect1:
长:100.0
宽:100.0
面积为10000.0
矩形 rect2:
长:3.0
宽:4.0
面积为12.0

3.2.2 任务实施

1. 报警灯开/关功能的实现

在"src"上新建包 com.sxjdxy.alarm，右击包 com.sxjdxy.alarm，新建类 Alarm，实现方法 openAlarm( )和 closeAlarm( )，具体如下：

项目3 任务2 操作视频

```java
package com.sxjdxy.alarm;

import com.newland.serialport.exception.SendDataToSerialPortFailure;
import com.newland.serialport.exception.SerialPortOutputStreamCloseFailure;
import com.newland.serialport.manage.SerialPortManager;
import com.sxjdxy.data.Data;

public class Alarm {
    public void openAlarm(){
        try {
            SerialPortManager.sendToPort(Data.serialPort,Data.CONTROL1);
        } catch (SendDataToSerialPortFailure sendDataToSerialPortFailure) {
            sendDataToSerialPortFailure.printStackTrace();
        } catch (SerialPortOutputStreamCloseFailure serialPortOutputStreamCloseFailure) {
            serialPortOutputStreamCloseFailure.printStackTrace();
        }
    }
    public void closeAlarm(){
        try {
            SerialPortManager.sendToPort(Data.serialPort,Data.CONTROL2);
        } catch (SendDataToSerialPortFailure sendDataToSerialPortFailure) {
            sendDataToSerialPortFailure.printStackTrace();
        } catch (SerialPortOutputStreamCloseFailure serialPortOutputStreamCloseFailure) {
            serialPortOutputStreamCloseFailure.printStackTrace();
        }
    }
}
```

2. 报警功能的实现

在"src"上新建包 com.sxjdxy.sensor，右击包 com.sxjdxy.sensor，新建类 BinarySensor，在类内实现方法 readSensorData( )，实现当有烟雾传感器检测到烟雾、火焰传感器检测到火焰时喇叭发声，同时 LED 灯亮，反之，喇叭不发声，LED 灯灭。具体如下：

```java
package com.sxjdxy.sensor;

import com.newland.serialport.exception.SendDataToSerialPortFailure;
import com.newland.serialport.exception.SerialPortOutputStreamCloseFailure;
import com.newland.serialport.exception.TooManyListeners;
import com.newland.serialport.manage.SerialPortManager;
import com.newland.serialport.utils.ByteUtils;
import com.sxjdxy.alarm.Alarm;
import com.sxjdxy.data.Data;
import gnu.io.SerialPortEvent;
import gnu.io.SerialPortEventListener;
```

```java
public class BinarySensor {
    public void readSensorData() {
        try {
            SerialPortManager.sendToPort(Data.serialPort,Data.CONTROL3);
        } catch (SendDataToSerialPortFailure sendDataToSerialPortFailure) {
            sendDataToSerialPortFailure.printStackTrace();
        } catch (SerialPortOutputStreamCloseFailure serialPortOutputStreamCloseFailure) {
            serialPortOutputStreamCloseFailure.printStackTrace();
        }
        try {
            SerialPortManager.addListener(Data.serialPort, new SerialPortEventListener() {
                @Override
                public void serialEvent(SerialPortEvent serialPortEvent) {
                    byte[] resStr = SerialPortManager.readFromPort(Data.serialPort);
                    String diStr = ByteUtils.toBinary7(resStr[3]);
                    if(diStr.charAt(5) == '0'&&diStr.charAt(6) == '0')
                        new Alarm().openAlarm();
                    else
                        new Alarm().closeAlarm();
                }
            });
        } catch (TooManyListeners tooManyListeners) {
            tooManyListeners.printStackTrace();
        }
    }
}
```

在主类的主方法中输入"new BinarySensor().readSensorData();",程序运行结果如图3-3所示。

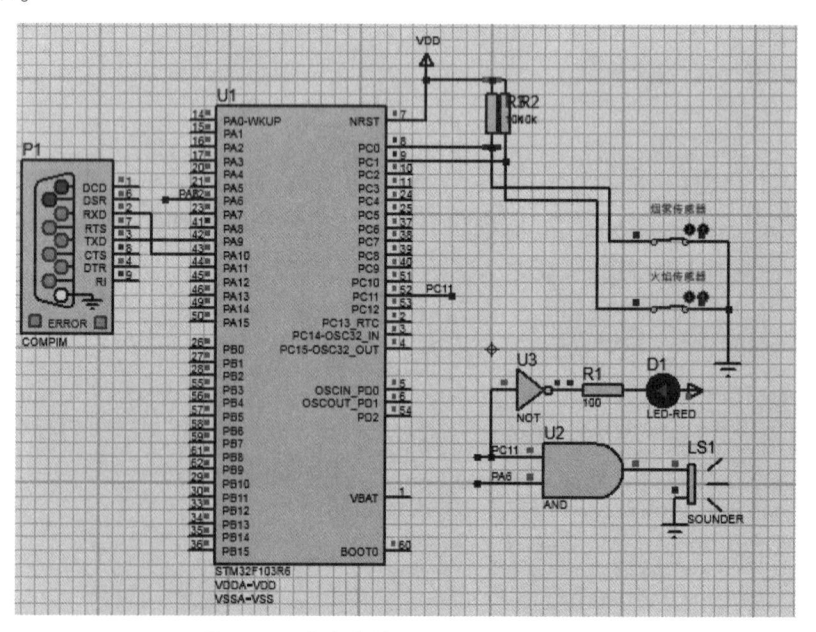

图3-3 当有火焰和烟雾时报警灯报警

> **想一想**
> （1）"String diStr = ByteUtils.toBinary7(resStr[3]);"想表达什么？
> （2）"diStr.charAt(5) == '0'&&diStr.charAt(6) == '0';"想表达什么？

【拓展任务】

如果传感器改为有烟雾或有火焰出现时，喇叭发声，LED 灯亮，反之喇叭不发声，LED 灭，请编程实现该功能。

任务3　利用对话框实现人机交互

【任务目标】

（1）能够利用对话框实现人机交互的编程。
（2）掌握对话框的编程方法。

【任务描述】

通过对话框询问用户的用户名和密码，假定用户名为"admin"，密码为"123456"，如果输入正确则可登录火灾报警系统。

【实施条件】

（1）Proteus 8.9 软件一套、火灾报警系统的电路图一套。
（2）IDEA 家用版或者企业版（Java 程序开发的集成环境）。
（3）64 位的 Java 运行环境 JDK。

3.3.1　相关知识点解读

"知屋漏者在宇下，知政失者在草野。"党员干部要学会倾听群众的家常话，要学会倾听群众的牢骚话，要学会倾听群众的苦水话。在日常工作中，常常会碰到一些用知识和理论不能解决的问题，在不断地摸索解决办法，积累经验的时候我们会发现一个特别重要的方法，那便是"倾听民心"。同样，在 Java 编程中，用户输入的信息通常可以借助窗口、对话框来接收，然后基于信息处理事件。

对话框

1. 选项对话框

构造方法如下。

微课　对话框

（1）public JOptionPane()：创建一个显示测试信息的对话框。

（2）public JOptionPane(Object message)：创建一个显示 message 的对话框。

（3）public JOptionPane(Object message,int messageType)：创建一个显示 message、信息类型为 messageType 的对话框。messageType 取以下常数。

①ERROR_MESSAGE：错误信息。

②INFORMATION_MESSAGE：信息。

③WARNING_MESSAGE：警告信息。

④QUESTION_MESSAGE：问题信息。

⑤PLAIN_MESSAGE：没有图标，可以自己设置图标的信息。

（4）public JOptionPane(Object message,int messageType,int optionType)：创建一个显示 message、信息类型为 messageType、选项信息及图标为 optionType 的对话框。optionType 取以下常数。

①DEFAULT_OPTION：默认选项。

②YES_NO_OPTION：yes/no 选项。

③YES_NO_CANCEL_OPTION：yes/no/cancel 选项。

④OK_CANCEL_OPTION：ok/cancel 选项。

Swing 中还提供了用于显示标准对话框（JOptionPane）的 JOptionPane 类。它定义了多个 showXxxDialog 形式的静态方法。

（1）showConfirmDialog：确认对话框，显示问题，要求用户进行确认（yes/no/cancel）。

（2）showInputDialog：输入对话框，提示用户进行输入。

（3）showMessageDialog：信息对话框，显示信息，告知用户发生了什么情况。

（4）showOptionDialog：选项对话框，显示选项，要求用户进行选择。

【例 3-7】对话框举例。

```
import java.awt.*;
import java.awt.event.*;
import javax.swing.*;
class Text1 extends JFrame {
    JButton b1 = new JButton("消息对话框");
    JButton b2 = new JButton("确认对话框");
    JButton b3 = new JButton("选项对话框");
    JButton b4 = new JButton("输入对话框");

    public Text1() {
        setLayout(new GridLayout(2,2));
        setTitle("对话框的使用");
        setSize(400,100);
        setVisible(true);
        setDefaultCloseOperation(JFrame.EXIT_ON_CLOSE);
        add(b1);
        add(b2);
        add(b3);
        add(b4);
```

```java
            b1.addActionListener(new ActionListener() {
                @Override
                public void actionPerformed(ActionEvent e) {
                    JOptionPane.showMessageDialog(null,"读者单击了消息对话框!",
"消息对话框",JOptionPane.INFORMATION_MESSAGE);
                }
            });
            b2.addActionListener(new ActionListener() {
                @Override
                public void actionPerformed(ActionEvent e) {
                    JOptionPane.showConfirmDialog(null,"读者确定要单击吗","确认
对话框",JOptionPane.YES_NO_OPTION,JOptionPane.INFORMATION_MESSAGE);
                }
            });
            b3.addActionListener(new ActionListener() {
                @Override
                public void actionPerformed(ActionEvent e) {
                    Object[] options = {"1","2","3"};
                    JOptionPane.showOptionDialog(null,"请选择数字!","选项对话框",
JOptionPane.DEFAULT_OPTION,JOptionPane.WARNING_MESSAGE,null,options,options[1]);
                }
            });
            b4.addActionListener(new ActionListener() {
                @Override
                public void actionPerformed(ActionEvent e) {
                    String input = JOptionPane.showInputDialog("请输入读者的专业:");
                }
            });
        }
}
public class Main
{
        public static void main(String args[])
        {
            new Text1();
        }
}
```

程序运行结果如图 3-4 所示。

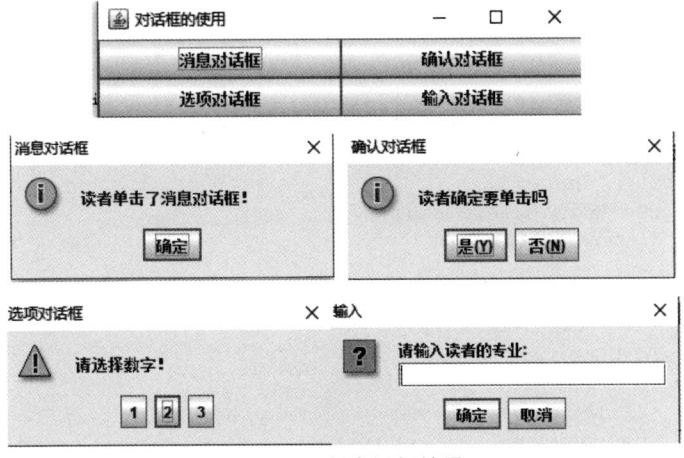

图 3-4 程序运行结果

2. 文件对话框

文件对话框专门用于对文件（或目录）进行浏览和选择，常用的构造方法如下。

（1）public JFileChooser( )：根据用户的缺省目录创建文件对话框。

（2）public JFileChooser(File currentDirectory)：根据 File 型参数 currentDirectory 指定的目录创建文件对话框。

（3）public JFileChooser(String currentDirectoryPath)：根据 String 型参数 currentDirectoryPath 指定的目录创建文件对话框。

常用成员方法如下。

（1）public void setCurrentDirectory(File dir)：设置当前目录为 dir。

（2）public int showOpenDialog(Component parent)：显示文件对话框。返回值有 3 个，分别如下。

① JFileChooser. CANCEL_OPTION：选择了取消按钮。

② JFileChooser. APPROVE_OPTION：选择了打开或保存按钮。

③ JFileChooser. ERROR_OPTION：出现错误。

（3）public int showSaveDialog(Component parent)：显示文件保存对话框。返回值同上。

如果要选择某个文件，可使用 "public File getSelectedFile( );"。

【例 3-8】 打开与保存对话框的实现。

```java
import java.awt.*;
import java.awt.event.*;
import javax.swing.*;
import javax.swing.event.*;
import java.io.*;
class Text2 extends JFrame implements ActionListener
{
    JButton b1 = new JButton("打开");
    JButton b2 = new JButton("保存");
    JTextArea show = new JTextArea(3,20);
    JPanel p = new JPanel();
    public Text2()
    {
        p.add(b1);
        p.add(b2);
        b1.addActionListener(this);
        b2.addActionListener(this);
        Container c = getContentPane();
        c.add(p,"Center");
        show.setEditable(false);
        c.add(show,"South");
    }
    public void actionPerformed(ActionEvent e)
    {
        if(e.getSource() == b1)
        {
            JFileChooser ch = new JFileChooser();
            ch.showOpenDialog(this);
```

```java
                File f1 = ch.getSelectedFile();
                show.setText("读者打开的文件名是:" + f1.toString());
            }
            else if(e.getSource() == b2)
            {
                JFileChooser ch = new JFileChooser();
                ch.showSaveDialog(this);
                File f2 = ch.getSelectedFile();
                show.setText("读者保存的文件名是:" + f2.toString());
            }
        }
}
public class Main
{
    public static void main(String args[])
    {
        Text2 tt = new Text2();
        tt.setTitle("对话框的使用");
        tt.setSize(200,200);
        tt.setVisible(true);
        tt.setDefaultCloseOperation(JFrame.EXIT_ON_CLOSE);
    }
}
```

程序运行结果如图 3-5 所示。

图 3-5　程序运行结果

3. 颜色对话框

javax.swing 包中的 JColorChooser 类的静态方法可以创建一个颜色对话框，格式如下：

```
public static Color showDialog（Component component, String title, Color initialColor);
```

参数 component 指定对话框所依赖的组件；title 指定对话框的标题；initialColor 指定对话框返回的初始颜色，即对话框消失后，返回的默认值。颜色对话框可根据用户在其中选择的颜色返回一个颜色对象。

3.3.2 任务实施

1. 利用对话框实现人机交互

在"src"上新建包 com.sxjdxy.main，将 Main 类拖到包 com.sxjdxy.main 中，修改类 Main，具体如下：

项目 3 任务 3 操作视频

```java
package com.sxjdxy.main;
import com.sxjdxy.sensor.BinarySensor;
import javax.swing.*;
public class Main{
    public static void main(String args[]){
        String username = JOptionPane.showInputDialog("请输入您的用户名:");
        String password = JOptionPane.showInputDialog("请输入您的密码:");
        if(username.equals("admin")&&password.equals("123456"))
            new BinarySensor().readSensorData();
    }
}
```

2. 运行程序

如图 3-6 所示，当用户名输入"admin"密码输入"123456"并且当有烟雾或者火焰出现时，报警灯打开。

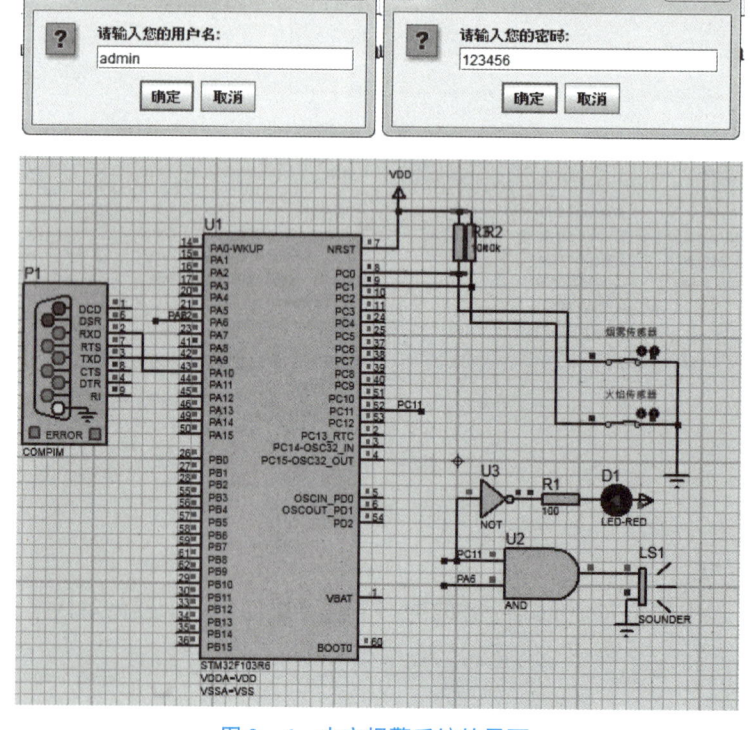

图 3-6 火灾报警系统的界面

> **想一想**
> 本任务中,用户名和密码是已知的,一般用户是不希望用户名和密码让他人知晓的,如果让用户根据自己的实际情况进行输入,需要如何设计?

【拓展任务】

请仿照本任务完成入侵报警系统的人机交互设计。

任务4 注册、登录功能的实现

【任务目标】

(1) 能够编程实现用户信息的注册、登录功能。
(2) 熟悉对话框的编程方法。
(3) 掌握输入/输出流的编程方法。

【任务描述】

对任务3的功能进行完善,实现用户信息的注册和登录功能。

【实施条件】

(1) Proteus 8.9 软件一套、火灾报警系统的电路图一套。
(2) IDEA 家用版或者企业版(Java 程序开发的集成环境)。
(3) 64 位的 Java 运行环境 JDK。

3.4.1 相关知识点解读

信息安全保护是为数据处理系统建立和采用的技术、管理上的安全保护,目的是保护计算机硬件、软件、数据不因偶然和恶意的原因遭到破坏、更改和泄露。用户软件必须建立信息安全机制,保护用户的知识产权。输入/输出流可以借助文本文件、数据文件等实现信息的读取与写入,从而根据信息实现用户信息的安全处理。

输入/输出流

1. 输入/输出流的概念

Java 的输入/输出功能是十分强大而灵活的,美中不足的是输入/输出的代码并不是很简洁,因为往往需要包装许多不同的对象。在 Java 类库中,输入/输出部分的内容是很庞大的,因为它涉及的领域很广泛,如标准输入/输出、文件的操作、网络上的数据流、字符串流、对象流、文件流……。

流是一个很形象的概念,当程序需要读取数据的时候,就会开启一个通向数据源的流,这个数据源可以是文件、内存或网络连接。类似的,当程序需要写入数据的时候,就会开启一个通向目的地的流。读者可以想象数据好像在其中"流"动一样,如图 3-7 所示。

Java 中的流分为两种,一种是字节流,另一种是字符流,分别由 4 个抽象类来表示(每种流包括输入和输出两种,因此一共 4 个抽象类):InputStream、OutputStream、Reader、Writer。Java 中其他多种多样变化的流均是由它们派生出来的,如图 3-8 所示。

图 3-7 流的概念

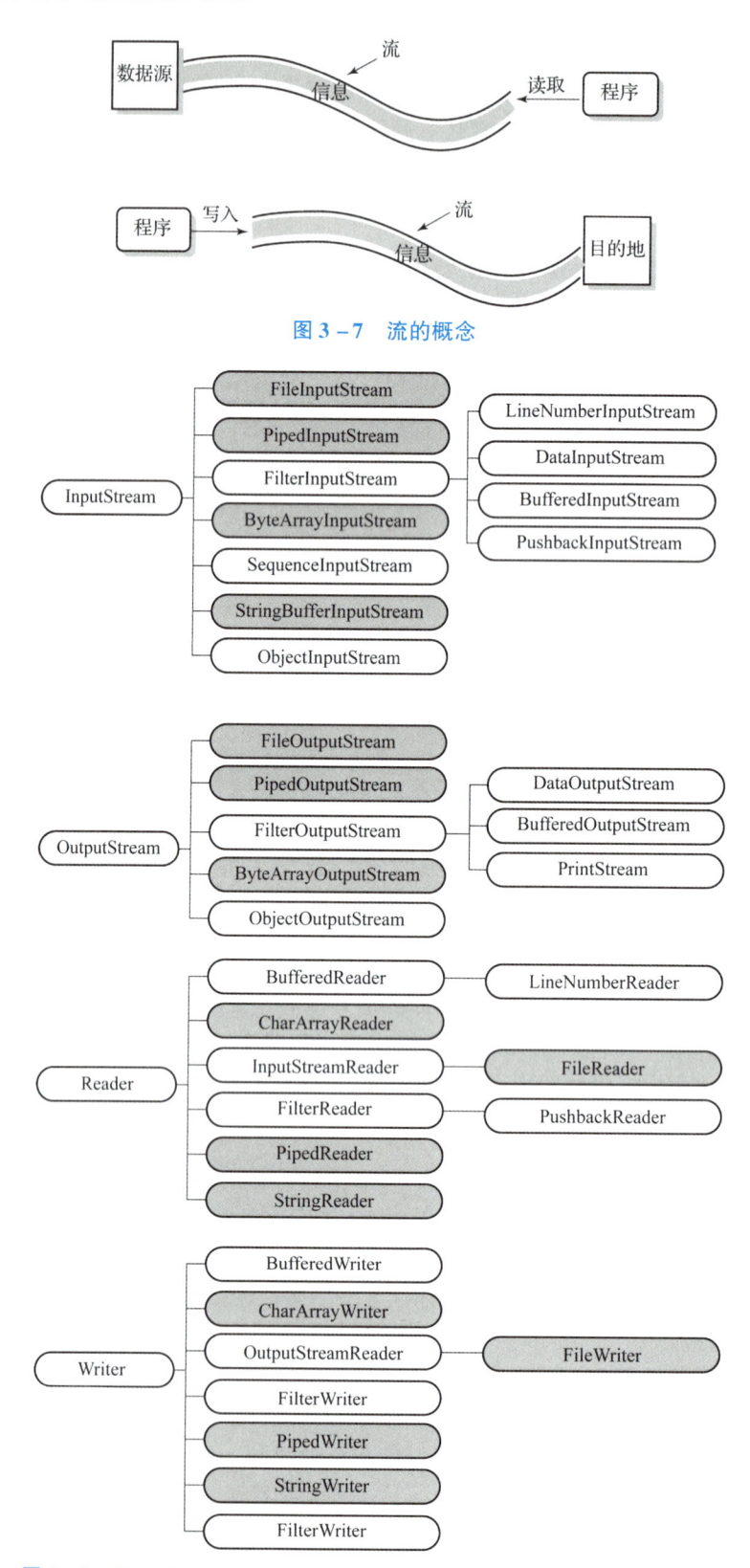

图 3-8 InputStream、OutputStream、Reader、Writer 及其子类的关系

2. 字节流

1）字节输入流

常见的字节输入流如下。

（1）InputStream；

（2）FileInputStream；

（3）BufferedInputStream（BufferedInputStream 不是 InputStream 的直接实现子类，是 FilterInputStream 的子类）。

其区别与用途如下。

（1）InputStream 是字节输入流的抽象基类，InputStream 作为基类，定义了几个通用的函数。

字节流

①read(byte[] b)：从流中读取 b 的长度个字节的数据存储到 b 中，返回结果是读取的字节个数（当再次读时，如果返回 -1 说明到了结尾，没有数据）。

②read(byte[] b, int off, int len)：在流中从 off 的位置开始读取 len 个字节的数据存储到 b 中，返回结果是实际读取到的字节个数（当再次读时，如果返回 -1 说明到了结尾，没有数据）。

③close()：关闭流，释放资源。

（2）FileInputStream 主要用来操作文件输入流，它除了可以使用基类定义的函数外，还实现了基类的 read() 函数（无参的）。

read() 函数从流中读取 1 个字节的数据，返回结果是一个 int 型数值，(如果编码是以一个字节代表一个字符的，可以尝试转成 char，用来查看数据)。

（3）BufferedInputStream 带有缓冲的意思，普通的读是从硬盘里面读，而带有缓冲区之后，BufferedInputStream 已经提前将数据封装到内存中，在内存中操作数据较快，所以它的效率比不带缓冲区的高。它除了可以使用基类定义的函数外，还实现了基类的 read() 函数（无参的）。

read() 函数从流中读取 1 个字节的数据，返回结果是一个 int 型数值（如果编码是以一个字节代表一个字符的，可以尝试转成 char，用来查看数据）。

2）字节输出流

常用的字节输出流主要如下。

（1）OutputStream；

（2）FileOutputStream；

（3）BufferedOutputStream（BufferedOutputStream 不是 OutputStream 的直接实现子类，是 FilterOutputStream 的子类）。

其区别与用途如下。

(1) OutputStream 是字节输出流的基类，OutputStream 作为基类，定义了几个通用的函数。

①write(byte[ ] b)：将 b 的长度个字节数据写到输出流中。

②write(byte[ ] b,int off,int len)：从 b 的 off 位置开始，获取 len 个字节数据，写到输出流中。

③flush()：刷新输出流，把数据马上写到输出流中。

④close()：关闭输出流，释放系统资源。

(2) FileOutputStream 是用于写文件的输出流，它除了可以使用基类定义的函数外，还实现了 OutputStream 的抽象函数 write(int b)。

write(int b)函数将 b 转成一个字节数据，写到输出流中。

(3) BufferedOutputStream 与 BufferedInputStream 一样，都可以提高效率。它除了可以使用基类定义的函数外，它还实现了 OutputStream 的抽象函数 write(int b)。

write (int b) 函数将 b 转成一个字节数据，写到输出流中。

字节输出流的使用方法如下。

(1) OutputStream 是抽象基类，因此它不能实例化，但它可以用于接口化编程。

(2) FileOutputStream 是用于写文件的输出流，因此它需要一个文件作为实例化参数，这个文件可以是 File 对象，也可以是文件路径字符串（如果文件不存在，那么将自动创建）。FileOutputStream 实例化时可以给定第二个参数，第二个参数表示是否追加写入数据，为 true 时代表在原有文件内容后面追加写入数据，默认为 false。

(3) BufferedOutputStream 需要一个输出流作为实例化参数。

补充说明：考虑到效率问题，上面的子类可能重写基类的函数，但功能基本不变。

更多关于字节流的函数与用法可以参考 JDK 文档。

【例 3-9】从键盘读入数据，并加以显示。

```java
import java.io.IOException;
import java.io.InputStream;
import java.io.OutputStream;
class InOutput{
    InOutput(InputStream in, OutputStream out) throws IOException{
        int b;
        System.out.println("请输入信息:");
        while((b=in.read())!=-1){
            out.write(b);
        }
        in.close();
        out.close();
    }
}
```

```java
public class Main {
    public static void main(String[] args) throws Exception {
        new InOutput(System.in,System.out);
    }
}
```

程序运行结果为：

请输入信息：
How do you do? (注:用户的输入的信息)
How do you do? (注:系统输出的信息)

【例3-10】 从文件"read.txt"读出字节数据并输出到"write.txt"。

```java
import java.io.*;
class FileInOutput {
    public FileInOutput(FileInputStream inputStream,FileOutputStream fileOutputStream)
    throws IOException {
        BufferedInputStream bis = new BufferedInputStream(inputStream);
        BufferedOutputStream bos = new BufferedOutputStream(fileOutputStream);
        byte[] buff = new byte[1024];
        int len;
        while ((len = bis.read(buff))! =-1){
            bos.write(new String(buff,0,len).getBytes());
        }
        bis.close();
        bos.close();
    }
}
public class Main {
    public static void main(String[] args) throws Exception {
        new FileInOutput(new FileInputStream("d:/read.txt"),new FileOutputStream("d:/wirte.txt"));
    }
}
```

打开 D 盘，建立"read.txt"，输入"How do yo do?"，保存后关闭文件，运行程序，打开 D 盘的"write.txt"，观察发现该文件中出现"How do yo do?"。

3. 字符流

尽管字节流提供了处理任何类型输入/输出操作的足够的功能，但它们不能直接操作 Unicode 字符。既然 Java 的主要目标是支持"只写一次，到处运行"，那么包括直接的字符输入/输出支持就是必要的。如前所述，字符流层次结构的顶层是 Reader 和 Writer 抽象类，下面从这两个类开始介绍。

字符流

字符流的类通常以 reader 和 writer 结尾。

1）字符输入流

常见的字符输入流如下。

（1）Reader；

（2）InputStreamReader；

（3）FileReader；

（4）BufferedReader。

其区别与用途如下。

（1）Reader 是字符输入流的抽象基类，它定义了以下几个函数。

①read()：读取单个字符，返回结果是一个 int 型数值，需要转成 char；到达流的末尾时，返回 -1。

②read(char[] cbuf)：读取 cbuf 的长度个字符到 cbuf 中，返回结果是读取的字符数，到达流的末尾时，返回 -1。

③close()：关闭流，释放占用的系统资源。

（2）InputStreamReader 可以把 InputStream 中的字节数据流以字符编码方式转换成字符数据流。它除了可以使用基类定义的函数，自己还实现了以下函数。

read(char[] cbuf, int offset, int length)：从 offset 位置开始，读取 length 个字符到 cbuf 中，返回结果是实际读取的字符数，到达流的末尾时，返回 -1。

（3）FileReader 可以把 FileInputStream 中的字节数据转成以字符编码方式转换成字符数据流。

（4）BufferedReader 可以把字符输入流进行封装，对数据进行缓冲，提高读取效率。它除了可以使用基类定义的函数，自己还实现了以下函数。

①read(char[] cbuf, int offset, int length)：从 offset 位置开始，读取 length 个字符到 cbuf 中，返回结果是实际读取的字符数，到达流的末尾时，返回 -1。

②readLine()：读取一个文本行，以行结束符作为末尾，返回结果是读取的字符串。如果已到达流末尾，则返回 null。

说明：

（1）Reader 是一个抽象基类，不能实例化，但可以用于接口化编程。

（2）InputStreamReader 需要一个字节输入流对象作为实例化参数。它还可以指定第二个参数，第二个参数是字符编码方式，可以是字符串形式，也可以是一个字符集对象。

（3）FileReader 需要一个文件对象作为实例化参数，可以是 File 类对象，也可以是文件的路径字符串。

（4）BufferReader 需要一个字符输入流对象作为实例化参数。

2）字符输出流

常见的字符输出流如下。

（1）Writer；

（2）OutputStreamWriter；

（3）FileWriter；

（4）BufferedWriter。

其区别与用途如下。

（1）Writer 是字符输出流的抽象基类，它定义了以下几个函数。

①write(char[ ] cbuf)：往输出流写入一个字符数组。

②write(int c)：往输出流写入一个字符。

③write(String str)：往输出流写入一串字符串。

④write(String str, int off, int len)：往输出流写入字符串的一部分。

⑤close( )：关闭流，释放资源。

⑥flush( )：刷新输出流，把数据马上写到输出流中。

（2）OutputStreamWriter 可以使用户直接往流中写字符串数据，它会帮用户以字符编码方式把字符数据转换成字节数据再写给输出流，它相当于一个中介。

（3）FileWriter 与 OutputStreamWriter 功能类似，可以直接往流中写字符串数据，FileWriter 内部会以字符编码方式把字符数据转换成字节数据再写给输出流。

（4）BufferedWriter 比 FileWriter 高级一点，它利用缓冲区来提高写的效率。与 FileWriter 相比，它还多出一个函数 newLine( )，该函数可写入一个换行符。

【例 3-11】从文件"read.txt"逐个读出字符，输出到"write.txt"。

```
import java.io.FileReader;
import java.io.FileWriter;
import java.io.IOException;
class CharInOut {
    public CharInOut ( FileReader fileReader, FileWriter fileWriter ) throws IOException {
            char c[ ] = new char[1];
            while(fileReader.read(c)! =-1){
                fileWriter.write(c);
            }
        fileReader.close();
        fileWriter.close();
        }
}
public class Main {
    public static void main(String[] args) throws IOException {
        new CharInOut(new FileReader("d:/read.txt"),new FileWriter("d:/write.txt"));
        }
    }
```

打开 D 盘，建立"read.txt"，输入"How do yo do?"，保存后关闭文件，运行程序，打开 D 盘的"write.txt"，观察发现该文件中出现了"How do yo do?"。

4. 数据流

数据输入流包括 DataInputStream 和 DataOutputStream。

数据输入/输出流允许应用程序以与机器无关的方式包装字节输入/输出流，从而读写基本 Java 数据类型。

DataInputStream 和 DataOutputStream 的构造方法如下。

（1）public DataInputStream(InputStream in)：用 InputStream 输入流 in 构造数据输入流对象。

（2）public DataOutputStream(OutputStream out)：用 OutputStream 输出流 out 构造数据输出流对象。

DataInputStream 的新增读操作方法如下。

（1）public final boolean readBoolean()：读取一个 boolean 数据。

（2）public final byte readByte()：读取一个字节。

（3）public final char readChar()：读取一个 Unicode 字符。

（4）public final int readInt()：读取一个 int 型整数。

（5）public final long readLong()：读取一个 long 型整数。

（6）public final long readFloat()：读取一个 float 型实数。

（7）public finallong readDouble()：读取一个 double 型实数。

以上所有读方法均抛出"IOException"异常，当文件指针已到末尾仍在进行读操作时会发生"EOFException"异常。

DataOutputStream 的新增写操作如下。

（1）public final void writeBoolean(Booleanv)：写一个 boolean 数据。

（2）public final void writeByte(int v)：写一个字节数据。

（3）public final void writeBytes(String s)：写一个字符串。

（4）public final void writeChar(int v)：写一个字符数据。

（5）public final void writeInt(int v)：写一个 int 型整数。

（6）public final void writeLong(long v)：写一个 long 型整数。

（7）public final long writeFloat(float v)：写一个 float 实数。

（8）public final long writeDouble(double v)：写一个 double 型实数。

以上所有写方法均抛出"IOException"异常。

【例 3-12】DataInputStream 和 DataOutputStream 示例。

```
import java.io.DataInputStream;
import java.io.DataOutputStream;
import java.io.FileInputStream;
import java.io.FileOutputStream;
```

```java
public class Main {
    public static void main(String args[]) throws Exception{
        FileOutputStream fos = new FileOutputStream("text.dat");
        DataOutputStream dout = new DataOutputStream(fos);
        dout.writeInt(100);
        dout.writeChars("Java 程序设计$");
        dout.writeFloat(123.33f);
        dout.writeBoolean(false);
        fos.close();
        FileInputStream fis = new FileInputStream("text.dat");
        DataInputStream din = new DataInputStream(fis);
        System.out.println(din.readInt());
        char ch;
        while((ch = din.readChar())! = '$'){
            System.out.print(ch);
        }
        System.out.println("\n");
        System.out.println(din.readFloat());
        System.out.println(din.readBoolean());
        fis.close();
    }
}
```

程序运行结果为：

```
100
Java 程序设计

123.33
false
```

注意："text.dat" 应采用 Unicode 编码方式打开，否则是乱码。

3.4.2 任务实施

下面基于输入/输出流来存放用户的用户名和密码，从而实现用户的注册与登录。

项目3 任务4 操作视频

1. 注册功能的实现

在 "src" 上新建包 com.sxjdxy.login，右击包 com.sxjdxy.login，新建类 Register，具体如下：

```java
package com.sxjdxy.login;
import java.io.DataOutputStream;
import java.io.FileOutputStream;
import java.io.IOException;
public class Register {
    public Register(String userName,String password) throws IOException{
        FileOutputStream fos = new FileOutputStream("text.dat");
```

```
            DataOutputStream dout = new DataOutputStream(fos);
            dout.writeChars(userName + "$");
            dout.writeChars(password + "$");
            fos.close();
        }
}
```

2. 登录功能的实现

右击包 com.sxjdxy.login，新建类 Login，具体如下：

```
package com.sxjdxy.login;
import java.io.DataInputStream;
import java.io.FileInputStream;
import java.io.IOException;
public class Login {
    public String[] login() throws IOException {
        FileInputStream fis = new FileInputStream("text.dat");
        DataInputStream din = new DataInputStream(fis);
        char ch1,ch2;
        String msg[] = {"",""};
        while((ch1 = din.readChar())! = '$'){
            msg[0] += ch1;
        }
        while((ch2 = din.readChar())! = '$'){
            msg[1] += ch2;
        }
        fis.close();
        return msg;
    }
}
```

> **想一想**
>
> 在本任务中，通过输入/输出流进行信息的存储与读取，用"text.dat"文件实现存储与读取，是否会有人打开文件发现用户的用户名和密码？该问题如何解决？

【拓展任务】

请仿照本任务完成入侵报警系统的注册与登录功能。

任务5　判断用户是否合法

【任务目标】

(1) 能够编程判断用户是否合法。

(2) 熟悉对话框的编程方法。

(3) 熟悉构造方法与成员方法的编程方法。

【任务描述】

对任务4的功能进行完善，判断用户是否合法，如果合法则进入火灾报警系统，否则退出系统。

【实施条件】

(1) Proteus 8.9 软件一套、火灾报警系统的电路图一套。
(2) IDEA 家用版或者企业版（Java 程序开发的集成环境）。
(3) 64 位的 Java 运行环境 JDK。

3.5.1 相关知识点解读

构造方法与成员方法

方法又称为函数，方法有成员方法、构造方法。成员方法在类内可以直接使用，在类外需要创建类对象才可调用；构造方法在创建类对象时自动生成。

微课 构造方法与成员方法

1. 成员方法

在一个类中，一般有成员变量和成员方法。

1）成员方法的定义

成员方法是类或对象的行为特征的抽象。Java 中的成员方法不能独立存在，所有成员方法必须定义在类中，使用"类名.方法"或"对象.方法"的形式调用。

2）成员方法的语法格式

```
权限修饰符   返回值类型   方法名(参数类型   参数名)  {
// 方法体
// 返回值
}
```

3）成员方法的分类

【例3-13】成员方法举例（1）。

```java
public class Main{
    public void aMethod() {
        System.out.println("无参数无返回值的方法");
    }
    public void bMethod(int b) {
        System.out.println("有参数无返回值的方法");
    }
    public int cMethod() {
```

```
        System.out.println("无参数有返回值的方法");
        return 10;
    }
    public int dMethod(int d) {
        System.out.println("有参数有返回值的方法");
        return d;
    }
    public static void main(String[] args) {
        int ret;
        Main md = new Main();
        md.aMethod();
        md.bMethod(10);
        ret = md.cMethod();
        ret = md.dMethod(10);
        System.out.println(ret);
    }
}
```

程序运行结果为:

无参数无返回值的方法
有参数无返回值的方法
无参数有返回值的方法
有参数有返回值的方法
10

4) 成员方法的参数

成员方法可以没有参数,或者有多个参数,参数类型可以是任意类型。成员方法的参数也是局部变量,当对象实例作为参数传递给成员方法时,传递的是对象的引用,为地址传递,接受参数的成员方法可以改变参数的值。参数为简单数据类型时,传递的是参数的副本,为值传递,接受参数的成员方法不会改变参数的值。

【例3-14】成员方法举例(2)。

```
public class Main {
    public void swap(int a, int b) {
        int tmp;
        tmp = a;
        a = b;
        b = tmp;
    }
    int x = 100, y = 200;
    public void swap2(Main mp) {
        int tmp = mp.x;
        mp.x = mp.y;
        mp.y = tmp;
    }
    public static void main(String[] args) {
        Main mp = new Main();
        int m = 10, n = 20;
```

```
            System.out.println("交换前:a = "+m+",b = "+n);
            mp.swap(m, n);//m,n 为实参
            System.out.println("交换后:a = "+m+",b = "+n);
            System.out.println("交换前:x = "+mp.x+",y = "+mp.y);
            mp.swap2(mp);
            System.out.println("交换后:x = "+mp.x+",y = "+mp.y);
        }
}
```

程序运行结果为:

```
交换前:a = 10,b = 20
交换后:a = 10,b = 20
交换前:x = 100,y = 200
交换后:x = 200,y = 100
```

2. 构造方法

在 Java 中,任何变量在被使用前都必须先设置初值。Java 提供了为类的成员变量赋初值的专门功能:构造方法。

说明:

(1) 构造方法的名称必须与定义它的类名完全相同,没有返回类型,甚至连 void 也没有。

(2) 构造方法的调用是在创建一个对象时使用 new 操作进行的。构造方法的作用是初始化对象。

(3) 构造方法可以重载,即每个类可以有零个或多个构造方法,只要它们的参数声明不同即可。

(4) 构造方法不能被 static、final、synchronized、abstract 和 native 修饰。构造方法不能被子类继承。

(5) 构造方法在创建对象时自动执行,一般不能显式地直接调用。

(6) 若一个类没有构造方法,则系统会自动提供一个默认的构造方法。

【例 3-15】 为矩形类增加一个构造方法。

```
public class Rectangle{
    public float width;
    public float length;
    public void getLW(){
        System.out.println("长:"+length);
        System.out.println("宽:"+width);
    }
    public float getArea(){
        return length * width;
    }
    public Rectangle(){
        length =100;
```

```
        width = 100;
    }
    public Rectangle(float len,float wid){
        length = len;
        width = wid;
    }
}
```

本例中定义了两个构造方法,分别是无参数的构造方法和有两个参数的构造方法。这两个构造方法的名称都与类名相同,都是 Rectangle。在实例化该类的时候,就可以调用不同的构造方法进行初始化。

3.5.2 任务实施

一个好的应用软件是不允许任何人非法使用的,只有正常注册的用户才可以合法使用。这也告诉我们平时在生活中要遵纪守法,切不可通过非法侵入方式而走上犯法的道路。下面根据数据文件保存的用户名和密码来实现用户的注册和合法登录,读取火焰传感器和烟雾传感器的数据从而控制报警灯报警。

1. 注册登录

修改类 Main,具体如下:

```
package com.sxjdxy.main;
import com.sxjdxy.login.Login;
import com.sxjdxy.login.Register;
import com.sxjdxy.sensor.BinarySensor;
import javax.swing.*;
import java.io.IOException;
public class Main{
    public static void main(String args[]){
        String userName = JOptionPane.showInputDialog("请输入注册用户名:");
        String password = JOptionPane.showInputDialog("请输入注册密码:");
        try{
            new Register(userName,password);
        }catch(IOException e){
            e.printStackTrace();
        }
        String userName1 = JOptionPane.showInputDialog("请输入登录用户名:");
        String password1 = JOptionPane.showInputDialog("请输入登录密码:");
        try{
            String msg[] = new Login().login();
            if(userName1.equals(msg[0])&&password1.equals(msg[1]))
                new BinarySensor().readSensorData();
        }catch(IOException e){
            e.printStackTrace();
        }
    }
}
```

2. 运行程序

运行程序，如图3-9所示。

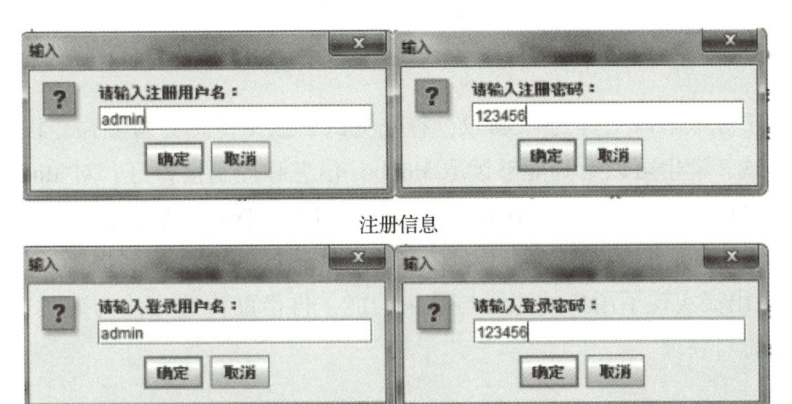

注册信息

登录信息

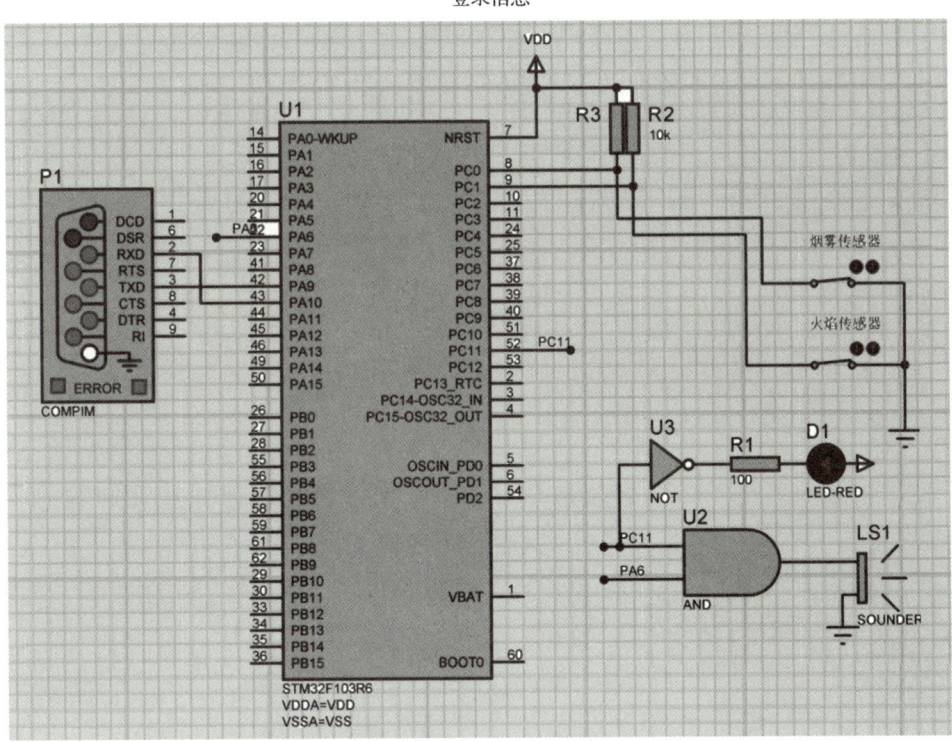

图3-9 程序运行结果

想一想

本任务中，条件

```
if(userName1.equals(msg[0])&&password1.equals(msg[1]))
new BinarySensor().readSensorData();
```

表达的是什么意思？

【拓展任务】

请仿照本任务完成入侵报警系统判断用户是否合法的编程。

【项目总结】

本项目基于虚拟串口工具 SSCOM32，首先测试了二元传感器检测命令以及报警灯开/关命令。通过测试，学生可以看到能够读取 Modbus 信息和控制报警灯，对 Modbus 信息进行分析，然后在 IDEA 工程中定义了类 Data，借助类与对象、异常与捕捉方法，通过 BinarySensor 类的 readSensorData( )方法实现了基于烟雾和火焰传感器的信息控制报警灯报警的功能，接着借助输入/输出流实现了用户的注册与登录功能，再借助构造方法与成员方法、对话框实现了用户的注册与登录。

附：项目三 "火灾报警系统的设计" 工作任务书

项目三 "火灾报警系统的设计"
工作任务书

课程名称：_____

专　　业：_____

班　　级：_____

姓　　名：_____

学　　号：_____

山西机电职业技术学院

一、学习目标

（1）能根据虚拟串口工具读取信息，并进行分析。
（2）能向虚拟串口工具发送命令控制终端。
（3）能向虚拟串口工具发送命令并对串口回送的信息进行分析。
（4）能设计基础输入/输出类。
（5）能设计控制输入/输出的类。
（6）能设计读取传感器数据的类。
（7）能设计存储读取数据表数据的类。
（8）能设计终端信息与界面的联动。

二、学时

10学时。

三、任务描述

利用 Proteus 开关元件模拟的火焰传感器、烟雾传感器、LED 灯、继电器、喇叭构成的火灾报警系统仿真电路图如图 3－1 所示，编程实现火灾报警系统，当有烟雾和火焰出现时 LED 灯和喇叭同时报警，没有时自动解除报警，要求用户必须注册用户名和密码，在使用火灾报警系统时登录系统，当用户名和密码正确时可登录系统，否则不允许登录系统。

四、工作流程与活动

在接受工作任务后，应首先熟悉场地，观察软件安装是否正确，确认以下信息：虚拟串口工具是否安装到位？64 位 JDK 是否安装到位？JDK 设置是否合理？64 位 IDEA 是否安装到位？

学习活动1：基础数据类的编程（2 学时）。
学习活动2：火灾报警功能的编程（2 学时）。
学习活动3：利用对话框实现人机交互（2 学时）。
学习活动4：注册、登录功能的实现（2 学时）。
学习活动5：判断用户是否合法（2 学时）。

学习活动1　基础数据类的编程

一、学习目标

（1）能够将传感器信息读取命令、开关报警灯命令转换为基础数据类。
（2）熟悉静态的编程方法。
（3）掌握异常与捕捉的使用。

二、学习描述

首先用虚拟串口工具测试来自串口的开关报警灯命令、传感器信息读取命令，验证命令的正确性，然后将传感器信息读取的命令、开关报警灯命令通过编程转换为命令常数，并设计打开和关闭串口的方法。

三、学习准备

查看是否已有以下工具。

（1）Proteus 8.9 软件一套、火灾报警系统的电路图一套。

（2）IDEA 家用版或者企业版（Java 程序开发的集成环境）。

（3）64 位的 Java 运行环境 JDK。

四、学习过程

（1）用虚拟串口工具测试命令。当输入"01"时，会发生什么现象？当输入"02"时，会发生什么现象？当输入"03"时，会发生什么现象？

（2）新建包 com. sxjdxy. data，右击包 com. sxjdxy. data，新建类，输入类名"Data"，单击"Ok"按钮，完成类的创建，要求类必须具有打开报警灯、关闭报警灯、读取传感器信息、打开串口、关闭串口等功能。

五、任务评价

任务评价表见表 3–1。

表 3–1 任务评价表

班级		姓名		学号		日期		年 月 日
序号	评价点				配分	得分		总评
1	命令测试结果是否正确？				20			A□（86~100） B□（76~85） C□（60~75） D□（<60）
2	仿真结果分析是否合理？				20			
3	报警灯观察结果是否正确？				20			
4	包设计是否正确？				20			
5	类设计是否正确？				20			
小结 建议								
建议					评定人：（签名）			年 月 日

学习活动 2　火灾报警功能的编程

一、学习目标

（1）能够实现火灾报警功能的编程。
（2）熟悉成员方法的编程方法。
（3）掌握类与对象的编程方法。

二、学习描述

编程实现当有火焰或者烟雾出现时报警灯报警，反之取消报警。

三、学习准备

查看是否已有以下工具。
（1）Proteus 8.9 软件一套、火灾报警系统的电路图一套。
（2）IDEA 家用版或者企业版（Java 程序开发的集成环境）。
（3）64 位的 Java 运行环境 JDK。

四、学习过程

（1）在"src"上新建包 com.sxjdxy.alarm，右击包 com.sxjdxy.alarm，新建类 Alarm，实现方法 openAlarm（）和 closeAlarm（），具体如下：

（2）在"src"上新建包 com.sxjdxy.sensor，右击包 com.sxjdxy.sensor，新建类 BinarySensor，在类内实现方法 readSensorData（），实现当烟雾传感器检测到烟雾、火焰传感器检测到火焰时喇叭发声，同时 LED 灯亮，反之，喇叭不发声，LED 灯灭。

五、任务评价

任务评价表见表 3-2。

表 3-2　任务评价表

班级		姓名		学号		日期	年　月　日
序号	评价点				配分	得分	总评
1	com. sxjdxy. device 包设计是否正确？				10		A□（86~100） B□（76~85） C□（60~75） D□（<60）
2	com. sxjdxy. control 包设计是否正确？				10		
3	"String diStr = ByteUtils. toBinary7(resStr[3])；" 表述是否正确？				10		
4	"diStr. charAt(5) == '0'&&diStr. charAt(6) == '0';" 表述是否正确？				10		
5	类 BinarySensor	是否具有捕捉异常的功能？			15	60	
		是否具有发送传感器命令的功能？			15		
		是否具有读取与判断烟雾传感器的功能？			15		
		是否具有读取与判断火焰传感器信息的功能？			15		
小结 建议							
建议							

评定人：（签名）　　　年　月　日

学习活动 3　利用对话框实现人机交互

一、学习目标

（1）能够利用对话框实现人机交互的编程。
（2）掌握对话框的编程方法。

二、学习描述

通过对话框询问用户的用户名和密码，假定用户名为"admin"，密码为"123456"，如果输入正确则可控制火灾报警系统。

三、学习准备

查看是否已有以下工具。

(1) Proteus 8.9 软件一套、火灾报警系统的电路图一套。

(2) IDEA 家用版或者企业版（Java 程序开发的集成环境）。

(3) 64 位的 Java 运行环境 JDK。

四、学习过程

在"src"上新建包 com.sxjdxy.main，修改类 Main，完成输入用户名对话框和输入密码对话框的功能，当用户名为"admin"、密码为"123456"时创建 BinarySensor 类对象读取传感器信息。

五、任务评价

任务评价表见表 3-3。

表 3-3 任务评价表

班级		姓名		学号		日期		年 月 日
序号	评价点			配分		得分		总评
1	com.sxjdxy.main 包设计是否正确？			20				A□（86~100） B□（76~85） C□（60~75） D□（<60）
2	输入用户名对话框设计是否正确？			20				
3	输入密码对话框设计是否正确？			20				
4	创建 BinarySensor 类对象是否正确？			20				
5	读取传感器信息是否正确？			20				
小结建议								
建议								
					评定人：（签名）		年 月 日	

学习活动 4　注册、登录功能的实现

一、学习目标

（1）能够编程实现用户信息的注册、登录功能。
（2）熟悉对话框的编程方法。
（3）掌握输入/输出流的编程方法。

二、学习描述

对任务 3 的功能进行完善，实现用户信息的注册和登录功能。

三、学习准备

查看是否已有以下工具。
（1）Proteus 8.9 软件一套、火灾报警系统的电路图一套。
（2）IDEA 家用版或者企业版（Java 程序开发的集成环境）。
（3）64 位的 Java 运行环境 JDK。

四、学习过程

（1）实现注册功能。在"src"上新建包 com.sxjdxy.login，新建类 Register，将用户名和密码保存到文本文件或者数据表中。

（2）实现登录功能。在包 com.sxjdxy.login 中新建类 Login。

右击包 com.sxjdxy.login，新建类 Login，具体要求为：能用对话框输入用户名和密码，并显示用户名和密码。

五、任务评价

任务评价表见表 3–4。

表 3–4 任务评价表

班级		姓名		学号		日期	年　月　日
序号	评价点			配分		得分	总评
1	com. sxjdxy. login 包设计是否正确？			10			A□ （86~100） B□ （76~85） C□ （60~75） D□ （<60）
2	Register 类名设计是否正确？			10			
3	能否将用户名保存到文本文件或者数据表中？			20			
4	能否将密码保存到文本文件或者数据表中？			20			
5	类 Login 名设计是否正确？			10			
6	能否通过对话框实现用户名的输入？			10			
7	能否通过对话框实现密码的输入？			10			
8	能否显示用户名和密码？			10			
小结 建议							
建议							
				评定人：（签名）		年　月　日	

学习活动 5　判断用户是否合法

一、学习目标

（1）能够编程判断用户是否合法。

（2）熟悉对话框的编程方法。

（3）熟悉构造方法与成员方法的编程方法。

二、学习描述

对任务 4 的功能进行完善，能够判断用户是否合法，如果合法则进入火灾报警系统，否则退出系统。

三、学习准备

查看是否已有以下工具。

（1） Proteus 8.9 软件一套、火灾报警系统的电路图一套。

（2） IDEA 家用版或者企业版（Java 程序开发的集成环境）。

（3） 64 位的 Java 运行环境 JDK。

四、学习过程

编程判断用户是否合法。

五、任务评价

任务评价表见表 3-5。

表 3-5 任务评价表

班级		姓名		学号		日期		年　月　日
序号		评价点			配分	得分		总评
1		主类能否实现注册功能？			50			A□ （86～100） B□ （76～85） C□ （60～75） D□ （＜60）
2		主类能否实现登录功能？			50			
小结 建议								
建议						评定人：（签名）		年　月　日

项目 四

智能家居系统的设计

【项目描述】

为一套1室1厅1厨1卫的房屋设计智能家居系统。用户需求为：各房间中有1个灯、1个空调（用风扇取代），采用电脑控制；1个人体传感器，监测是否有人；1个温度传感器，监测温度是否适宜，若不适宜则打开空调；1个光照传感器，监测室内的光线是否合适。厨房中有1个火焰传感器，监测是否有火灾发生。智能家居系统的仿真电路图如图4-1所示。

串口通信命令说明如下。

01：电动机1正转；

02：电动机1停转；

03：电动机2正转；

04：电动机2停转；

05：电动机3正转；

06：电动机3停转；

07：电动机4正转；

08：电动机4停转；

10：灯1开；

11：灯2开；

12：灯3开；

13：灯4开；

14：灯1关；

15：灯2关；

16：灯3关；

17：灯4关；

20：开关传感器状态，温度1数据；

21：开关传感器状态，温度2数据；

22：开关传感器状态，温度3数据；

23：开关传感器状态，温度4数据。

开关传感器状态为第3字节——第0位（光照W）、第1位（光照WC）、第2位（光照

C)、第 3 位（光照 K）、第 4 位（人体 W）、第 5 位（人体 WC）、第 6 位（人体 C），第 4 字节——第 0 位（火焰）、第 1 位（人体 K）；温度数据为第 5 字节；串口波特率为 19 200，串口为 COM2。注意用虚拟串口工具虚拟 COM2 和 COM3 为一对串口。

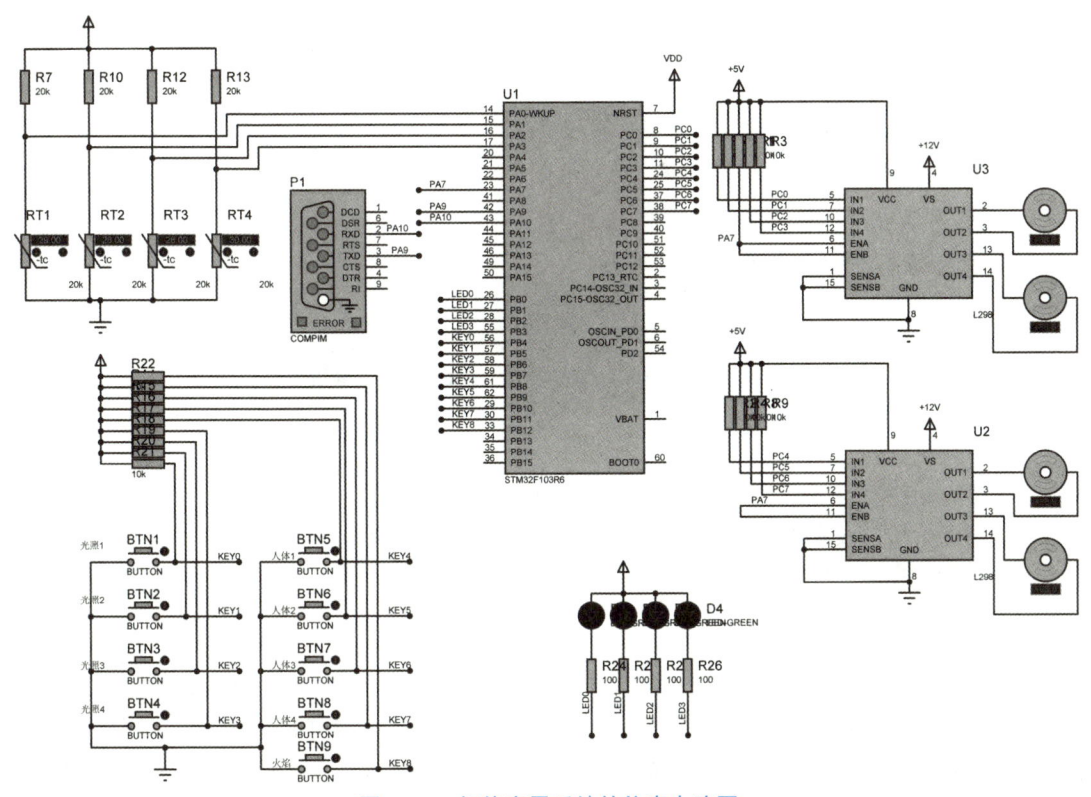

图 4-1 智能家居系统的仿真电路图

【项目目标】

(1) 掌握 SQLite 数据库编程方法。
(2) 掌握方法的重载与覆盖。
(3) 掌握变量的修饰与封装。
(4) 掌握接口的编程方法。
(5) 掌握类的继承。
(6) 掌握 Swing 技术的相关组件编程方法。
(7) 掌握绘图的编程方法。
(8) 掌握线程的编程方法。
(9) 能够编程实现智能家居系统。
(10) 结合人机交互领悟为人民服务的基本思想。
(11) 结合界面的美领悟真善美的基本思想。
(12) 严格遵守国家软件文档规范编写代码。

项目 4　Proteus 仿真电路　　　项目 4　作业及答案

任务 1 灯控制类的实现

【任务目标】

(1) 掌握接口的创建。
(2) 掌握实现接口的编程方法。
(3) 巩固异常与抛出的编程方法。
(4) 巩固成员方法的编程方法。
(5) 能够通过串口命令实现灯控制类。

【任务描述】

从项目描述中可知,房屋中有 4 个灯,需要用电脑控制,通过编程实现。

【实施条件】

(1) Proteus 8.9 软件一套、智能家居系统的电路图一套。
(2) IDEA 家用版或者企业版(Java 程序开发的集成环境)。
(3) 64 位的 Java 运行环境 JDK。

4.1.1 相关知识点解读

传承与创新犹如鸟之双翅,缺一便无法飞翔,更像车之双轮,缺一便无法前进。要传承先辈的智慧,才有创新的基础。创新要坚持传统文化本身,不可舍本逐末,过分商业化。Java 接口及接口继承同传统与创新的理念完全一致,抽象的接口方法在子类继承后根据自己的特点具体化,子类也可以新增与自己特色相关的成员和方法。

接口及接口继承

接口就是一个规范,类似硬件上的接口,电脑主板上的 PCI 插槽的规范就类似 Java 接口,只要遵循 PCI 接口的卡,不管是什么牌子的都可以插入 PCI 插槽。接口就是某个事物对外提供的一些功能的说明。可以利用接口实现多态功能,同时接口也弥补了 Java 单一继承的弱点,也就是类可以实现多个接口。

微课 接口与继承

例如,父类是车,子类有自行车、轿车、卡车、皮卡车、拖车。假设在车中都有 driving( ) 这个公有的方法,但是卡车和皮卡车还有 carGo( ) 方法,而且 carGo( ) 方法不存在于自行车中,因此需要对卡车和皮卡车新建一个接口,用于特定标识卡车和皮卡车。

一个类通过继承接口的方式,继承接口的抽象方法。

使用 interface 关键字定义接口,一般使用接口声明方法或常量,接口中的方法只有公共的方法声明，不能有具体的实现，这一点和抽象类是不一样的，接口是更高级别的抽象。接口的定义格式如下：

```
public interface 接口名称{
//可以定义常量
//方法只有声明,而且是公共的
public void 方法名称();
...
}
类要实现接口,只需要使用implements关键字,实现接口必须要实现接口中的所有方法。
public class 实现类名 implements 接口{
//实现接口的方法
}
```

【例 4-1】定义一个圆类，实现面积的计算。

```
Area 接口:
public interface Area {
    public double area(int r);
}
CircleArea 类:
public class CircleArea implements Area {
    @Override
    public double area(int r) {
        return r * r * 3.14;
    }
}
Main 类:
public class Main extends CircleArea{
    public static void main(String args[]){
        double area;
        area = new CircleArea().area(2);
        System.out.print("圆的面积 = " + area);
    }
}
```

程序运行结果为：

圆的面积 = 12.56

4.1.2 任务实施

1. 新建基础数据类 Data 和 Operation 接口

打开虚拟串口工具，设置波特率为 19 200 bit/s，串口为 COM2，选择 HEX 发送和 HEX 显示，依次输入 "01" "02" "03" "04" "05" "06" "07" "08"，观察风扇的开关情况，依次输入 "10" "11" "12" "13" "14" "15" "16" "17"，观察 LED 灯的开关情况（图 4-2），依次输入 "20" "21" "22" "23" 观察虚拟串口工具中显示的 Modbus 命令的情况，并分析是否和提供的文本文件 "串口通信说明.txt" 的描述一致。

基于此，根据串口通信说明的命令设置基础数据类。

图 4 – 2 SSCOM32 窗口中输入 "10" 开灯

首先按照项目一 1.1.2 中 "Java 环境的安装与配置" 的第 6）步新建 Java 工程 "SmartHome"，按照项目一 1.1.2 中 "IDEA 的常见设置" 的步骤将 "libs" 文件夹中的 jar 包复制到 "SmartHome" 工程中，并建立依赖关系，将 "image" 文件夹连同 "image" 文件夹中的图像文件复制到 "SmartHome" 工程中，按照项目一 1.1.2 中 "IDEA 的常见设置" 的步骤为图像文件建立相对路径。

右击 "src"，新建包 com.sxjdxy.data，右击包 com.sxjdxy.data 新建基础数据类 Data，将各房间的灯、风扇的开关命令、人体、火焰、光线、温度传感器的读命令转换为 Java 常数的格式，创建串口变量及打开串口的静态语句。

具体如下：

```java
package com.sxjdxy.data;
import com.newland.serialport.exception.NoSuchPort;
import com.newland.serialport.exception.NotASerialPort;
import com.newland.serialport.exception.PortInUse;
import com.newland.serialport.exception.SerialPortParameterFailure;
import com.newland.serialport.manage.SerialPortManager;
import gnu.io.SerialPort;
public class Data {
    public static final byte[] WFANOPEN = {0x01};
    public static final byte[] WFANCLOSE = {0x02};
    public static final byte[] WCFANOPEN = {0x03};
    public static final byte[] WCFANCLOSE = {0x04};
    public static final byte[] CFANOPEN = {0x05};
    public static final byte[] CFANCLOSE = {0x06};
    public static final byte[] KFANOPEN = {0x07};
    public static final byte[] KFANCLOSE = {0x08};
    public static final byte[] WLEDOPEN = {0x10};
    public static final byte[] WLEDCLOSE = {0x14};
    public static final byte[] WCLEDOPEN = {0x11};
    public static final byte[] WCLEDCLOSE = {0x15};
    public static final byte[] CLEDOPEN = {0x12};
    public static final byte[] CLEDCLOSE = {0x16};
    public static final byte[] KLEDOPEN = {0x13};
    public static final byte[] KLEDCLOSE = {0x17};
    public static final byte[] WSENSOR = {0x20};
    public static final byte[] WCSENSOR = {0x21};
    public static final byte[] CSENSOR = {0x22};
```

```
public static final byte[] KSENSOR ={0x23};
public static SerialPort serialPort;
static {
    try {
        serialPort = SerialPortManager.openPort("COM2",19200);
    } catch (SerialPortParameterFailure serialPortParameterFailure) {
        serialPortParameterFailure.printStackTrace();
    } catch (NotASerialPort notASerialPort) {
        notASerialPort.printStackTrace();
    } catch (NoSuchPort noSuchPort) {
        noSuchPort.printStackTrace();
    } catch (PortInUse portInUse) {
        portInUse.printStackTrace();
    }
}
}
```

右击包 com.sxjdxy.device,新建接口 Operation,具体如下:

```
package com.sxjdxy.device;
public interface Operation {
    public abstract void open();
    public abstract void close();
}
```

2. 新建灯类

1) 新建厨房灯类 CLed

右击"src",新建包 com.sxjdxy.control,右击包 com.sxjdxy.control,新建厨房灯类 CLed,实现开关灯。具体如下:

```
package com.sxjdxy.control;

import com.newland.serialport.exception.SendDataToSerialPortFailure;
import com.newland.serialport.exception.SerialPortOutputStreamCloseFailure;
import com.newland.serialport.manage.SerialPortManager;
import com.sxjdxy.data.Data;
import com.sxjdxy.device.Operation;

public class CLed implements Operation {
    public void open(){
        try {
            SerialPortManager.sendToPort(Data.serialPort,Data.CLEDOPEN);
        } catch (SendDataToSerialPortFailure sendDataToSerialPortFailure) {
            sendDataToSerialPortFailure.printStackTrace();
        } catch (SerialPortOutputStreamCloseFailure serialPortOutputStreamCloseFailure) {
            serialPortOutputStreamCloseFailure.printStackTrace();
        }
    }
    public void close(){
        try {
```

```
            SerialPortManager.sendToPort(Data.serialPort,Data.CLEDCLOSE);
        } catch (SendDataToSerialPortFailure sendDataToSerialPortFailure) {
            sendDataToSerialPortFailure.printStackTrace();
        } catch (SerialPortOutputStreamCloseFailure serialPortOutputStreamCloseFailure) {
            serialPortOutputStreamCloseFailure.printStackTrace();
        }
    }
}
```

在主类主方法中输入"new CLed().open();",执行结果为厨房灯打开,输入"new CLed().close();",执行结果为厨房灯关闭。

2)新建客厅灯类 KLed

右击类 CLed,进行复制,右击包 com.sxjdxy.control,进行粘贴,输入 KLed,单击"OK"按钮,将 CLEDOPEN、CLEDCLOSE 中的 C 改为 K,具体如下:

```
package com.sxjdxy.control;

import com.newland.serialport.exception.SendDataToSerialPortFailure;
import com.newland.serialport.exception.SerialPortOutputStreamCloseFailure;
import com.newland.serialport.manage.SerialPortManager;
import com.sxjdxy.data.Data;
import com.sxjdxy.device.Operation;

public class KLed implements Operation {
    public void open(){
        try {
            SerialPortManager.sendToPort(Data.serialPort,Data.KLEDOPEN);
        } catch (SendDataToSerialPortFailure sendDataToSerialPortFailure) {
            sendDataToSerialPortFailure.printStackTrace();
        } catch (SerialPortOutputStreamCloseFailure serialPortOutputStreamCloseFailure) {
            serialPortOutputStreamCloseFailure.printStackTrace();
        }
    }
    public void close(){
        try {
            SerialPortManager.sendToPort(Data.serialPort,Data.KLEDCLOSE);
        } catch (SendDataToSerialPortFailure sendDataToSerialPortFailure) {
            sendDataToSerialPortFailure.printStackTrace();
        } catch (SerialPortOutputStreamCloseFailure serialPortOutputStreamCloseFailure) {
            serialPortOutputStreamCloseFailure.printStackTrace();
        }
    }
}
```

在主类主方法中输入"new KLed().open();",执行结果为客厅灯打开,输入"new KLed().close();",执行结果为客厅灯关闭。

> 【想一想】
>
> 结合任务实施的步骤1、步骤2,能否创建卫生间灯类WCLed?自己动手试一试。在主类的主方法中测一测,查看是否实现了卫生间灯的控制。

【拓展任务】

请仿照本任务完成卧室灯控制类的编程。

任务2 风扇开关控制类的实现

【任务目标】

(1) 掌握方法的重载与覆盖。
(2) 掌握变量修饰符与封装。
(3) 巩固异常与抛出的编程方法。
(4) 巩固创建接口的编程方法。
(5) 能够通过串口命令实现风扇控制类。

【任务描述】

从项目描述中可知,房屋有4个风扇,需要用电脑控制,通过编程实现。

【实施条件】

(1) Proteus 8.9软件一套、智能家居系统的电路图一套。
(2) IDEA家用版或者企业版(Java程序开发的集成环境)。
(3) 64位的Java运行环境JDK。

微课 方法的重载与覆盖

4.2.1 相关知识点解读

"世易时移,变法宜矣"的意思是做事要根据情况而变换方法,该"变法"时就必须"变法"。方法的重载与覆盖就是根据"世易时移"而"变法"。

1. 方法的重载与覆盖

1) 方法的重载

在Java中,同一个类中的两个或两个以上的方法可以有相同的名称,只要它们的参数声明不同即可。在这种情况下,该方法被称为重载(overloaded),这个过程称为方法重载(method overloading)。方法重载是Java实现多态性的一种方式。如果读者以前从来没有使用过一种允许方法重载的编程语言,可能感觉这个概念有点奇怪,但是读者将看到,方法重载是 Java 最有用的特性之一。

注意这里所说的"参数声明不同"是指参数个数相同，但参数类型不同，或者参数类型相同，但参数个数不同，或者参数类型和参数个数都不同。

【例 4-2】方法重载，实现两个参数的整型求和、两个参数的双精度型求和、三个参数的双精度型求和。

```java
public class Main
{
    public static void main(String args[])
    {
        Sum a1 = new Sum();
        System.out.println("SumMethod(23,56)的值是" + a1.SumMethod(23,56));
        System.out.println("SumMethod(34.5,12.3)的值是" + a1.SumMethod(34.5,12.3));
        System.out.print("SumMethod(12.4,13.6,13.5)的值是");
        System.out.println(a1.SumMethod(12.4,13.6,13.5));
    }
}
class Sum
{
    double SumMethod(int a,int b)
    {
        return a + b;
    }
    double SumMethod(double a,double b)
    {
        return a + b;
    }
    double SumMethod(double a,double b,double c)
    {
        return (a * b) + c;
    }
}
```

程序运行结果为：

```
SumMethod(23,56)的值是79.0
SumMethod(34.5,12.3)的值是46.8
SumMethod(12.4,13.6,13.5)的值是182.14
```

2）方法的覆盖

在子类中定义与父类所定义的名称相同的方法，称为方法重写或方法覆盖。子类的对象调用这个方法时，调用的是子类的定义，父类的定义如同被隐藏了一样。

【例 4-3】方法的覆盖。

```java
class Father
{
    void speak()
    {
```

```
        System.out.println("在父类中调用speak()方法");
    }
    void smile()
    {
        System.out.println("今天天气真好!");
    }
}
class Son extends Father
{
    void speak()
    {
        System.out.println("在子类中调用speak()方法");
    }
}
public class Example42
{
    public static void main(String args[])
    {
        Father f1 = new Father();
        Son s1 = new Son();
        f1.speak();
        f1.smile();
        s1.speak();
        s1.smile();
    }
}
```

2. 变量的修饰与封装

变量的数据类型可以是 Java 规定的任何数据类型。

微课 变量的修饰与封装

变量的修饰符有 public、protected、default、private、final、static，其访问权限见表 4-1，其中●表示有访问权限，×表示无访问权限。

表 4-1 public、protected、default、private 的访问权限

权限	修饰符			
	public	protected	default	private
包外	●	×	×	×
子类	●	●	×	×
包内	●	●	●	×
类内	●	●	●	●

根据程序上下文环境，Java 关键字 final 有"这是无法改变的"或者"终态的"含义，它可以修饰非抽象类变量。final 成员变量表示常量，只能被赋值一次，赋值后值不再改变。

通常为了让变量不被其他类直接访问，可以将其设置为私有类型，需要访问它的值时通过成员方法获取，这样就实现了变量的封装。

4.2.2 任务实施

1. 新建厨房风扇类

右击包 com.sxjdxy.control，新建厨房风扇类 CFan，实现开关风扇。具体如下：

```java
package com.sxjdxy.control;
import com.newland.serialport.exception.SendDataToSerialPortFailure;
import com.newland.serialport.exception.SerialPortOutputStreamCloseFailure;
import com.newland.serialport.manage.SerialPortManager;
import com.sxjdxy.data.Data;
import com.sxjdxy.device.Operation;

public class CFan extends CLed implements Operation {
    public void open(){
        try {
            SerialPortManager.sendToPort(Data.serialPort,Data.CFANOPEN);
        } catch (SendDataToSerialPortFailure sendDataToSerialPortFailure) {
            sendDataToSerialPortFailure.printStackTrace();
        } catch (SerialPortOutputStreamCloseFailure serialPortOutputStreamCloseFailure) {
            serialPortOutputStreamCloseFailure.printStackTrace();
        }
    }
    public void close(){
        try {
            SerialPortManager.sendToPort(Data.serialPort,Data.CFANCLOSE);
        } catch (SendDataToSerialPortFailure sendDataToSerialPortFailure) {
            sendDataToSerialPortFailure.printStackTrace();
        } catch (SerialPortOutputStreamCloseFailure serialPortOutputStreamCloseFailure) {
            serialPortOutputStreamCloseFailure.printStackTrace();
        }
    }
}
```

在主类主方法中输入"new CFan().open();"，结果厨房风扇打开，输入"newCFan().close();"，结果厨房风扇关闭。

2. 新建卧室风扇类

右击风扇类 CFan，进行复制，右击包 com.sxjdxy.control，进行粘贴，输入卧室风扇类 WFan，单击"OK"按钮，完成复制，将 CLed 中的 C 改为 W，将 CFANOPEN、CFANCLOSE

中的 C 改为 W，具体如下：

```
package com.sxjdxy.control;
import com.newland.serialport.exception.SendDataToSerialPortFailure;
import com.newland.serialport.exception.SerialPortOutputStreamCloseFailure;
import com.newland.serialport.manage.SerialPortManager;
import com.sxjdxy.data.Data;
import com.sxjdxy.device.Operation;
public class WFan implements Operation {
    public void open(){
        try {
            SerialPortManager.sendToPort(Data.serialPort,Data.WFANOPEN);
        } catch (SendDataToSerialPortFailure sendDataToSerialPortFailure) {
            sendDataToSerialPortFailure.printStackTrace();
        } catch (SerialPortOutputStreamCloseFailure serialPortOutputStreamCloseFailure) {
            serialPortOutputStreamCloseFailure.printStackTrace();
        }
    }
    public void close(){
        try {
            SerialPortManager.sendToPort(Data.serialPort,Data.WFANCLOSE);
        } catch (SendDataToSerialPortFailure sendDataToSerialPortFailure) {
            sendDataToSerialPortFailure.printStackTrace();
        } catch (SerialPortOutputStreamCloseFailure serialPortOutputStreamCloseFailure) {
            serialPortOutputStreamCloseFailure.printStackTrace();
        }
    }
}
```

在主类主方法中输入"newWFan().open();"，结果卧室风扇打开，输入"new WFan().close();"，结果卧室风扇关闭。

【想一想】

结合任务实施的步骤1和2，能否创建卫生间风扇类WCFan？自己动手试一试。在主类的主方法中测一测，查看是否实现了卫生间风扇的控制。

【拓展任务】

请仿照本任务完成客厅风扇控制类的编程。

任务3 创建数据库

【任务目标】

（1）掌握在 IDEA 中编写数据库连接语句的方法。

(2) 掌握创建数据表的 SQL 语句。

(3) 能够实现各类传感器数据表的创建和数据的查询、插入。

【任务描述】

创建数据库类，实现方法完成各类表的创建、登录信息的查询和验证、各类传感器数据的查询、数据记录的插入。

【实施条件】

(1) Proteus 8.9 软件一套、智能家居系统的电路图一套。

(2) IDEA 家用版或者企业版（Java 程序开发的集成环境）。

(3) 64 位的 Java 运行环境 JDK。

4.3.1 相关知识点解读

数据库和数据表的创建

创建数据库和数据表的主要步骤如下。

1. 加载 JDBC 驱动程序

在应用程序中，有 3 种方法可以加载 JDBC 驱动程序，原则上任何一种方法都可以使用，但要注意参数的内容，不同的数据源，加载的方法是不一样的。

(1) 利用 System 类的静态方法 setProperty()，例如：

```
System.setProperty("jdbc.drivers","sun.jdbc.odbc.JdbcOdbcDriver");
```

(2) 利用 Class 类的静态方法 forName()：

```
Class.forName("org.sqlite.JDBC");
Class.forName("oracle.jdbc.driver.OracleDriver");
```

(3) 直接创建一个驱动程序对象：

```
new sun.jdbc.odbc.JdbcOdbcDriver();
```

2. 建立与数据库的连接

利用 DriverManager 类的静态方法 getConnection() 来获得与特定数据库的连接实例（Connection 实例）。格式如下：

```
Connection conn = DriverManager.getConnection(source, user, pass);
```

这 3 个参数都是 String 类型的，使用不同的驱动程序与不同的数据库建立连接时，source 的内容是不同的，但其格式是一致的，都包括 3 个部分：

```
jdbc:subprotocol:subname
```

对于 SQLite 数据库格式如下：

```
Connection c = DriverManager.getConnection("jdbc:sqlite:这是测试库.db");
```

3 个参数分别表示：jdbc 方式、sqlite 数据库和数据库名。

3. 进行数据库操作

每执行一条 SQL 语句都需要利用 Connetcion 实例 conn 的 createStatement（）方法来创建一个 Statement 实例。格式如下：

```
Statement stmt = c.createStatement();
```

Statement 的常用方法如下。

（1）执行 SQL：INSERT，UPDATE 或 DELETE 等语句用"int executeUpdate（String sql）;"。

（2）执行 SQL：SELECT 语句用 ResultSet executeQuery（String sql）。

4. 关闭相关连接

```
mystmt.close(); //关闭 SQL 语句对象
rs.close(); //关闭结果集对象
conn.close(); //关闭连接
```

5. 创建数据表的语法

其中约束可以省略，格式如下：

```
CREATE TABLE 表名称
(列名称1 数据类型(约束),
列名称2 数据类型(约束),
列名称3 数据类型,…)
```

【例 4-4】在 IDEA 中创建工程，在工程中创建类 CreateDataBase，用于加载 sqlite 驱动；连接数据库，创建数据库"测试.db"；最后创建数据表"student"，表内包含 3 个字段，分别用来保存学号、姓名和性别信息。

打开 IDEA，选择"File"→"new"→"project"命令，输入工程名"Course"，选择"src"→"new"→"Java class"命令，输入类名，单击"finish"按钮后编写代码，具体如下：

```
import java.sql.Connection;
    import java.sql.DriverManager;
    import java.sql.SQLException;
    import java.sql.Statement;
    public class Course{
    public Course(){
        String sql = "CREATE TABLE student" +
                "(ID INT PRIMARY KEY NOT NULL," +
                "NAME TEXT NOT NULL," +
                "SEX TEXT)";
```

```
        try {
            Class.forName("org.sqlite.JDBC");
            System.out.println("加载驱动成功");
            Connection c = DriverManager.getConnection("jdbc:sqlite:测试.db");
            System.out.println("连接数据库创建数据库成功");
            Statement stmt = c.createStatement();
            stmt.executeUpdate(sql);
            System.out.println("创建数据表成功");
            stmt.close();
            c.close();
        } catch (Exception e) {
            e.printStackTrace();
        }
    }}
```

在主类 Main 的主方法中输入 "new Course();"，运行结果为：

加载驱动成功
连接数据库创建数据库成功
创建数据表成功

4.3.2 任务实施

数据库类的实现

新建类 Database

右击包 com.sxjdxy.data，新建类 Database，具体如下：

任务 4–3

```
package com.sxjdxy.data;
Import java.sql.*;
public class Database {
    Connection c = null;
    Statement stmt = null;
    public void createDatabase(String sql,String address) throws ClassNotFoundException {
        try {
            Class.forName("org.sqlite.JDBC");
            c = DriverManager.getConnection("jdbc:sqlite:SENSOR.db");
            stmt = c.createStatement();
            stmt.executeUpdate("drop table if exists " + address + "SENSOR");
            stmt.executeUpdate(sql);
            stmt.close();
            c.close();
        } catch (SQLException e) {
            e.printStackTrace();
        }
    }
    public String[] selectSensor(String sql)
```

```java
{
    String[] result1 = new String[5];
    Connection c = null;
    Statement stmt = null;
    try {
        Class.forName("org.sqlite.JDBC");
        c = DriverManager.getConnection("jdbc:sqlite:SENSOR.db");
        c.setAutoCommit(false);
        stmt = c.createStatement();
        ResultSet rs = stmt.executeQuery(sql);
        while ( rs.next() ) {
            result1[0] = rs.getInt(1) + "";
            result1[1] = rs.getString(2);
            result1[2] = rs.getString(3);
            result1[3] = rs.getString(4);
            result1[4] = rs.getString(5);
        }
        rs.close();
        stmt.close();
        c.close();
    } catch ( Exception e ) {
        System.err.println( e.getClass().getName() + ": " + e.getMessage() );
        System.exit(0);
    }
    return result1;
}
public void insert(String sql )
{
    Connection c = null;
    Statement stmt = null;
    try {
        Class.forName("org.sqlite.JDBC");
        c = DriverManager.getConnection("jdbc:sqlite:SENSOR.db");
        c.setAutoCommit(false);
        stmt = c.createStatement();
        stmt.executeUpdate(sql);
        stmt.close();
        c.commit();
        c.close();
    } catch ( Exception e ) {}
}
public String[] selectCSensor( String sql)
{
    String[] result1 = new String[6];
    Connection c = null;
    Statement stmt = null;
    try {
        Class.forName("org.sqlite.JDBC");
        c = DriverManager.getConnection("jdbc:sqlite:SENSOR.db");
```

```
                c.setAutoCommit(false);
                stmt = c.createStatement();
                ResultSet rs = stmt.executeQuery(sql);
                while ( rs.next() ) {
                    result1[0] = rs.getInt(1) + "";
                    result1[1] = rs.getString(2);
                    result1[2] = rs.getString(3);
                    result1[3] = rs.getString(4);
                    result1[4] = rs.getString(5);
                    result1[5] = rs.getString(6);
                }
                rs.close();
                stmt.close();
                c.close();
            } catch ( Exception e ) {
                System.err.println( e.getClass().getName() + ": " + e.getMessage() );
                System.exit(0);
            }
            return result1;
        }
    }
```

主类进行如下修改。

```
import com.sxjdxy.data.Database;
public class Main {
    public static void main(String[] args) {
        String sql = "CREATE TABLE WSENSOR( ID INT PRIMARY KEY NOT NULL,ADDRESS TEXT,TEMP TEXT,LIGHT TEXT,PEOPLE TEXT)";
        Database database = new Database();
        try {
            database.createDatabase(sql,"W");
            sql = "INSERT INTO WSENSOR( ID,ADDRESS,TEMP,LIGHT,PEOPLE)VALUES(1,'卧室','25℃','0','0');";
            database.insert(sql);
            sql = "SELECT * FROM WSENSOR;";
            String[] res = database.selectSensor(sql);
            System.out.println("记录号 = " + res[0] + " 地址 = " + res[1] + " 温度 = " + res[2] + " 光照强度 = " + res[3] + " 人体 = " + res[4]);
        } catch (ClassNotFoundException e) {
            e.printStackTrace();
        }
    }
}
```

程序运行结果为:

记录号 =1 地址 = 卧室 温度 =25℃ 光照强度 =0 人体 =0

> **想一想**
>
> 仔细阅读上述类，如果要创建表，表名可变，由参数 address 和 SENSOR 构成，SQL 提供创建数据表的语句，在 Database 中实现，如何实现此方法？参数是什么？

【拓展任务】

请仿照本任务在类 Database 中创建表，表名可变，由参数 home 和字符串 ZigBee 构成，SQL 提供创建数据表的语句的方法 createDatabase( )。

任务 4　传感器数据的读取与存储

【任务目标】

(1) 掌握在 IDEA 中编写数据库连接语句的方法。
(2) 掌握数据表插入语句 INSERT 的使用。
(3) 掌握数据表查询语句 SELECT 的使用。
(4) 能够实现传感器数据插入方法。

【任务描述】

实现卧室传感器数据的存储。

【实施条件】

(1) Proteus 8.9 软件一套、智能家居系统的电路图一套。
(2) IDEA 家用版或者企业版（Java 程序开发的集成环境）。
(3) 64 位的 Java 运行环境 JDK。

4.4.1　相关知识点解读

输入/输出流可以借助文本文件、数据文件等实现信息的读出与写入，从而根据信息实现用户信息的安全处理，另外，使用数据库编程实现保护用户的信息安全更具特色。

数据库的编程

在 IDEA 中实现数据表的插入与查询操作的步骤与创建数据库和数据表的主要步骤基本相似，具体步骤参照任务 3，不同的步骤如下：

微课　数据表的插入与查询

1. 进行数据库操作

每执行一条 SQL 语句，都需要利用 Connetcion 实例 conn 的 createStatement( ) 方法来创建一个 Statement 实例。格式如下：

```
Statement mystmt = conn.CreateStatement();
```

Statement 的常用方法如下。

(1) 执行 SQL：INSERT，UPDATE 或 DELETE 等语句用"int executeUpdate(String sql);"。

(2) 执行 SQL：SELECT 语句用 ResultSet executeQuery(String sql)。

如果创建数据表、向数据表插入记录、删除记录、修改记录，则执行 executeUpdate() 方法。

如果查询数据表记录，则执行 executeQuery() 方法。

2. 向数据表插入记录的语法格式

```
INSERT INTO 表名(列名1,列名2,列名3,…);
VALUES(列1值,列2值,列3值,…)";
```

例如向数据表 student 内插入一条学生记录，学生信息为：姓名：张三，性别：男。语句如下：

```
INSERT INTO student (name, sex)VALUES('张三','男');
注意:不需要的字段可以不写。
```

3. 查询数据表记录的语法格式

```
SELECT 列 FROM 表 WHERE 条件
```

例如，查询学生表（student）中男生的学号、姓名、班级信息，则 SQL 语句如下：

```
SELECT 学号,姓名,班级
FROM student
WHERE 性别 = '男'
```

4. 数据集结果分析

一旦执行了 SELECT 语句，ResultSet 对象 rs 就包含了满足 SQL 语句条件的所有行。

使用 rs.next() 方法可以下移 rs 中的行，在行中取得数据可以通过 rs.get 中的多种方法实现。

例如，假定有一个表 emps，其中存储了具有 name、age 等多个字段的多个记录。如果执行了查询语句 SELECT * FROM emps，则下面的代码可以说明如何获得结果。

```
ResultSet rs = stmt.execteQuery ("SELECT * FROM emps");
While (rs.next () ) {
    String f1 = rs.getString (1);//第一列的值 <=> rs.getString ("name")
    int f2 = rs.getInt (2); //第二列的值 <=> rs.getString ("age")
    float f3 = rs.getFloat (3);
    int f4 = getInt (4)
```

【例4-5】在 IDEA 中创建工程，创建类 CreateDataBase，用于加载 SQLite 驱动；连接数据库并创建数据库"测试.db"；创建数据表"student"，表内包含3个字段，分别用来保存学号、姓名和性别信息；向表内插入记录（'1'，'张三'，'男'）；最后查询表内记录。

（1）首先创建类 CreateDataBase，在类内创建数据库数据表的方法。

```java
import java.sql.Connection;
import java.sql.DriverManager;
import java.sql.SQLException;
import java.sql.Statement;

public class CreateDataBase{
    Connection c = null;
    Statement stmt = null;
    public void createDatabase(String sql) throws ClassNotFoundException{
        try{
            Class.forName("org.sqlite.JDBC");
            c = DriverManager.getConnection("jdbc:sqlite:测试.db");
            stmt = c.createStatement();
            stmt.executeUpdate("drop table if exists student");
            stmt.executeUpdate(sql);
            stmt.close();
            c.close();
        } catch (SQLException e){
            e.printStackTrace();
        }
    }
}
```

（2）在数据表插入数据的方法如下。

```java
public void insert(String sql)
{
    Connection c = null;
    Statement stmt = null;
    try{
        Class.forName("org.sqlite.JDBC");
        c = DriverManager.getConnection("jdbc:sqlite:测试.db");
        c.setAutoCommit(false);
        stmt = c.createStatement();
        stmt.executeUpdate(sql);
        stmt.close();
        c.commit();
        c.close();
    } catch ( Exception e ){}
}
```

(3) 查询数据表数据的方法如下。

```java
public String[] selectSensor( String sql)
{
    String[] result = new String[3];
    Connection c = null;
    Statement stmt = null;
    try {
        Class.forName("org.sqlite.JDBC");
        c = DriverManager.getConnection("jdbc:sqlite:测试.db");
        c.setAutoCommit(false);
        stmt = c.createStatement();
        ResultSet rs = stmt.executeQuery(sql);
        while ( rs.next() ) {
            result[0] = rs.getInt(1) + "";
            result[1] = rs.getString(2);
            result[2] = rs.getString(3);
        }
        rs.close();
        stmt.close();
        c.close();
    } catch ( Exception e ) {
        System.err.println( e.getClass().getName() + ": " + e.getMessage() );
        System.exit(0);
    }
    return result;
}
```

(4) 主类修改如下。

```java
package com.sxjdxy;
public class Main{
    public static void main(String[] args) {
        String sql;
        Database database = new Database();
        sql = "CREATE TABLE student( ID INT PRIMARY KEY NOT NULL,NAME TEXT NOT NULL,SEX TEXT)";
        try {
            database.createDatabase(sql);
        } catch (ClassNotFoundException e) {
            e.printStackTrace();
        }
        sql = "INSERT INTO student(ID,NAME,SEX)VALUES(1,'张三','男')";
        database.insert(sql);
        sql = "SELECT * FROM student";
        String[] r = database.selectSensor(sql);
        System.out.println(r[0]+r[1]+r[2]);
    }
}
```

4.4.2 任务实施

项目4 任务4 操作视频

> **想一想**
>
> 打开虚拟串口工具 SSCOM32，设置串口为 COM2，波特率为 19200 bit/s，hex 发送和 hex 显示复选框均为被勾选状态，在字符串输入框中输入 "20"，然后单击发送按钮，结果窗口显示数据如下：
>
> 01 01 03 7F 01 1D CC 0F
>
> 仔细观察上述数据，思考第 1 个字节 01 代表什么，第 2 个字节 01 代表什么，第 3 个字节 03 代表什么，第 4 个字节 7F 代表什么，第 5 个字节 01 代表什么，第 6 个字节 1D 代表什么，第 7、8 个字节 CC 0F 代表什么。
>
> 想一想为何要进行分析，分析错误会导致什么问题。

卧室传感器数据的读取

1. 新建类 WSensor

新建包 com.sxjdxy.sensor，右击包 com.sxjdxy.sensor，新建类 WSensor，具体如下：

```
package com.sxjdxy.sensor;

import com.newland.serialport.exception.SendDataToSerialPortFailure;
import com.newland.serialport.exception.SerialPortOutputStreamCloseFailure;
import com.newland.serialport.exception.TooManyListeners;
import com.newland.serialport.manage.SerialPortManager;
import com.newland.serialport.utils.ByteUtils;
import com.sxjdxy.data.Data;
import com.sxjdxy.data.Database;
import gnu.io.SerialPortEvent;
import gnu.io.SerialPortEventListener;
import java.text.DecimalFormat;
public class WSensor {
    static int i =1;
    public void readSensor() throws SerialPortOutputStreamCloseFailure, SendDataToSerialPortFailure, TooManyListeners {
        SerialPortManager.sendToPort(Data.serialPort,Data.WSENSOR);
        SerialPortManager.addListener(Data.serialPort, new SerialPortEventListener() {
            @Override
            public void serialEvent(SerialPortEvent serialPortEvent) {
                byte[] res = SerialPortManager.readFromPort(Data.serialPort);
```

```
                String str = ByteUtils.byteToHex(res[5]);
                double dataDouble = Integer.parseInt(str, 16);
                DecimalFormat df = new DecimalFormat("00.00");
                String temp = df.format(dataDouble);
                String diStr = ByteUtils.toBinary7(res[3]);
                String light = diStr.charAt(6) + "";
                String people = diStr.charAt(2) + "";
                String sql = "INSERT INTO WSENSOR (ID,ADDRESS,TEMP,LIGHT,PEOPLE)
VALUES (" + i +++ ",'卧室','" + temp + "','" + light + "','" +people + "');";
                new Database().insert(sql);
            }
        });
    }
}
```

> **想一想**
>
> 上面代码中阴影部分记录的内容是否一致?

2. 新建类 WCSensor、KSensor、CSensor

右击类 WSensor，进行复制，右击包 com.sxjdxy.sensor，进行粘贴，输入类 WCSensor，单击"OK"按钮，将代码中的 WSensor 修改为 WCSensor，将"卧室"修改为"卫生间"，将 charAt（6）、charAt（2）改为 charAt（5）、charAt（1），具体如下：

```
package com.sxjdxy.sensor;

import com.newland.serialport.exception.SendDataToSerialPortFailure;
import com.newland.serialport.exception.SerialPortOutputStreamCloseFailure;
import com.newland.serialport.exception.TooManyListeners;
import com.newland.serialport.manage.SerialPortManager;
import com.newland.serialport.utils.ByteUtils;
import com.sxjdxy.data.Data;
import com.sxjdxy.data.Database;
import gnu.io.SerialPortEvent;
import gnu.io.SerialPortEventListener;
import java.text.DecimalFormat;
public class WCSensor {
    static int i = 1;
    public void readSensor() throws SerialPortOutputStreamCloseFailure,
SendDataToSerialPortFailure, TooManyListeners {
        SerialPortManager.sendToPort(Data.serialPort,Data.WCSENSOR);
        SerialPortManager.addListener(Data.serialPort, new SerialPortEventListener() {
            @Override
            public void serialEvent(SerialPortEvent serialPortEvent) {
```

```
                            byte[] res = SerialPortManager.readFromPort(Data.serial
Port);
                            String str = ByteUtils.byteToHex(res[5]);
                            double dataDouble = Integer.parseInt(str, 16);
                            DecimalFormat df = new DecimalFormat("00.00");
                            String temp = df.format(dataDouble);
                            String diStr = ByteUtils.toBinary7(res[3]);
                            String light = diStr.charAt(5) + "";
                            String people = diStr.charAt(1) + "";
                            String sql = "INSERT INTO WCSENSOR ( ID,ADDRESS,TEMP,
LIGHT,PEOPLE) VALUES (" + i +++ ",'卫生间','" + temp + "','" + light + "','" + people + "');";
                            new Database().insert(sql);
                        }
                }
            });
        }
    }
```

仿照新建类 WSensor 的步骤新建类 KSensor。

【拓展任务】

厨房中多了 1 个火焰传感器，在掌握 WSensor 类的基础上尝试着编写 CSensor 类。

任务 5　灯控制窗口的设计

【任务目标】

(1) 掌握父类与子类的继承。
(2) 掌握 super 和 this 的使用。
(3) 能够实现灯控制窗口。

【任务描述】

创建厨房、卧室、卫生间及客厅灯的控制窗口，如图 4-3 所示，并实现窗口界面的灯与仿真软件的灯的联动。

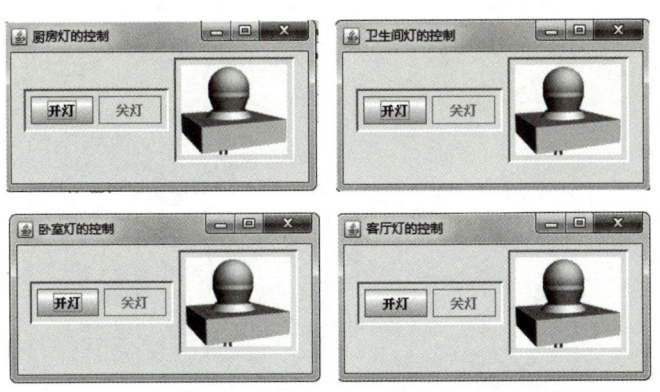

图 4-3　厨房、卧室、卫生间及客厅灯的控制窗口

【实施条件】

（1） Proteus 8.9 软件一套、智能家居系统的电路图一套。

（2） IDEA 家用版或者企业版（Java 程序开发的集成环境）。

（3） 64 位的 Java 运行环境 JDK。

微课　子类继承

4.5.1 相关知识点解读

1. 创建子类

创建子类的格式如下：

```
class 子类名 extends 父类名
{
类的主体
}
```

说明：

（1） 子类名称的定义必须符合 Java 中标识符的命名规则。

（2） 如果没有子类名和 extends，则该类的父类是 java.lang.Object。

（3） 子类可以继承父类的所有内容，但是构造方法和用 private 修饰的方法和字段不能被继承。

【例 4-6】 子类的继承举例。

```
class SubA
{
    int x1 = 5;
    public int x2 = 7;
    protected int x3 = 80;
    private int x4 = 67;
    int getX4()
    {
        return x4;
    }
    int asum()
    {
        return x1 + x2 + x3 + x4;
    }
}
class SubB extends SubA
{
    int y = 50;
}
```

```java
public class Main
{
  public static void main(String[] args)
  {
      SubA aa = new SubA();
      SubB bb = new SubB();
      System.out.println("aa 对象:");
      System.out.println( "x1:" + aa.x1 + "x2:" + aa.x2 + "x3:" + aa.x3 + "x4:" +
aa.getX4());
      System.out.println("aa 对象的和是:" +aa.asum());
      System.out.println("bb 对象:");
      System.out.println( "x1:" + bb.x1 + "x2:" + bb.x2 + "x3:" + bb.x3 + "x4:" +
bb.getX4() + "y:" +bb.y);
      System.out.println("bb 对象的和是:" +(bb.asum() +bb.y));
  }
}
```

程序运行结果为:

```
aa 对象:
x1:5x2:7x3:80x4:67
aa 对象的和是:159
bb 对象:
x1:5x2:7x3:80x4:67y:50
bb 对象的和是:209
```

2. super 和 this 的使用

super 指父类对象的引用,this 指当前对象的引用。子类和父类就如同上下级关系,只要上下同心,互相配合,各项工作必然如顺水推舟,水到渠成。

super 和 this

1) super 的使用

super 通常出现在继承了父类的子类中。super 有 3 种存在形式。

(1) super.xxx;(xxx 为父类的变量或者常量)

这种方法的意义为,直接访问父类中的常量或者变量。

(2) super.xxx(参数列表);(xxx 为方法名)

这种方法的意义为,直接访问并调用父类中的成员方法。

(3) super(参数列表);

这种方法的意义为,调用父类的构造方法。

【例 4-7】super 关键字的使用。

```java
class Funa
{
```

```java
        int var1;
        int var2;
        public Funa(int v1,int v2)
        {
            var1 = v1;
            var2 = v2;
        }
        public int sum()
        {
            return var1 + var2;
        }
}
class Funb extends Funa
{
        int var3;
        public Funb(int v1,int v2,int v3)
        {
            super(v1,v2);
            var3 = v3;
        }
        public int sum()
        {
            return super.sum() + var3;
        }
}
public class Main
{
        public static void main (String[] args)
        {
            Funa fa = new Funa(30,40);
            Funb fb = new Funb(50,60,70);
            System.out.println(fa.sum());
            System.out.println(fb.sum());
        }
}
```

程序运行结果为：

70
180

2) this 的使用

（1）表示对当前对象的引用。特别用于表示类的成员变量，而非函数参数，注意在函数参数和成员变量同名时要进行区分。具体使用格式如下：

```
this.成员变量；
this.成员方法(参数列表)；
```

（2）用于在构造方法中引用满足指定参数类型的构造方法。这里必须非常注意：只能引用一个构造方法且必须位于开始位置。具体使用格式如下。

　　this(参数);

（3）this 不能用在以 static 关键字修饰的方法中。

【例 4-8】 this 关键字的使用。

```
public class Main{
  int x,y,z;
  public Main(int x,int y,int z)
  {
      this.x = x;
      this.y = y;
      this.z = z;
  }
    public static void main (String[ ] args)
  {
   Main a = new Main(10,20,30);
      System.out.println("x = " + a.x + " y = " + a.y + " z = " + a.z);
  }
}
```

程序运行结果为：

　　x =10 y =20 z =30

4.5.2　任务实施

1. 新建 CLedWindow 类

右击"src"，新建包 com.sxjdxy.window。右击包 com.sxjdxy.window，新建类 CLedWindow，此类需要继承窗口类，具体如下：

```
package com.sxjdxy.window;
import com.sxjdxy.control.CLed;
import javax.swing.*;
import java.awt.*;
import java.awt.event.ActionEvent;

public class CLedWindow extends JFrame{
    JButton bOpen = new JButton("开灯");
    JButton bClose = new JButton("关灯");
    ImageIcon imageIcon = new ImageIcon("image/ledoff.PNG");
    JLabel lLed = new JLabel(imageIcon);
    JPanel jPanel1,jPanel2;
    public CLedWindow(){
        setTitle("厨房灯的控制");
        setSize(300,160);
        setVisible(true);
        setLayout(new FlowLayout());
```

```
            jPanel1 = new JPanel();jPanel1.setBorder(BorderFactory.createLoweredBevelBorder
());
            jPanel2 = new JPanel();jPanel2.setBorder(BorderFactory.createLoweredBevelBorder
());
            jPanel1.add(bOpen);jPanel1.add(bClose);bOpen.setEnabled(true);bClose.setEnabled
(false);
            jPanel2.add(lLed);
            add(jPanel1,BorderLayout.SOUTH);add(jPanel2,BorderLayout.CENTER);
            bOpen.addActionListener(new AbstractAction() {
                @Override
                public void actionPerformed(ActionEvent e) {
                    bOpen.setEnabled(false);bClose.setEnabled(true);
                    imageIcon = new ImageIcon("image/ledon.PNG");
                    lLed.setIcon(imageIcon);new CLed().open();
                }
            });
            bClose.addActionListener(new AbstractAction() {
                @Override
                public void actionPerformed(ActionEvent e) {
                    bOpen.setEnabled(true);bClose.setEnabled(false);
                    imageIcon = new ImageIcon("image/ledoff.PNG");
                    lLed.setIcon(imageIcon);new CLed().close();
                }
            });
        }
}
```

在主类的主方法输入"new CLedWindow();",程序运行结果如图 4-3 所示。

2. 新建客厅灯类 KLedWindow

右击类 CLedWindow,进行复制,右击包 com. sxjdxy. window,进行粘贴。输入名称"KLedWindow",将代码中的"厨房"改成"客厅"、CLed()改成 KLed()。具体如下:

```
package com.sxjdxy.window;

import com.sxjdxy.control.CLed;
import com.sxjdxy.control.KLed;

import javax.swing.*;
import java.awt.*;
import java.awt.event.ActionEvent;

public class KLedWindow extends JFrame{
    JButton bOpen = new JButton("开灯");
    JButton bClose = new JButton("关灯");
    ImageIcon imageIcon = new ImageIcon("image/ledoff.PNG");
    JLabel lLed = new JLabel(imageIcon);
    JPanel jPanel1,jPanel2;
    public KLedWindow(){
```

```
            setTitle("客厅灯的控制");
            setSize(300,160);
            setVisible(true);
            setLayout(new FlowLayout());
            jPanel1 = new JPanel();jPanel1.setBorder(BorderFactory.createLoweredBevelBorder
());
            jPanel2 = new JPanel();jPanel2.setBorder(BorderFactory.createLoweredBevelBorder
());
            jPanel1.add ( bOpen ); jPanel1.add ( bClose ); bOpen.setEnabled ( true );
bClose.setEnabled(false);
            jPanel2.add(lLed);
            add(jPanel1,BorderLayout.SOUTH);add(jPanel2,BorderLayout.CENTER);
            bOpen.addActionListener(new AbstractAction() {
                @Override
                public void actionPerformed(ActionEvent e) {
                    bOpen.setEnabled(false);bClose.setEnabled(true);
                    imageIcon = new ImageIcon("image/ledon.PNG");
                    lLed.setIcon(imageIcon);new KLed().open();
                }
            });
            bClose.addActionListener(new AbstractAction() {
                @Override
                public void actionPerformed(ActionEvent e) {
                    bOpen.setEnabled(true);bClose.setEnabled(false);
                    imageIcon = new ImageIcon("image/ledoff.PNG");
                    lLed.setIcon(imageIcon);new KLed().close();
                }
            });
        }
}
```

在主类的主方法输入"new KLedWindow();",程序运行结果如图4-3所示。

想一想

修改主类,实例化厨房窗口类,运行程序,仔细观察运行结果。想一想,任务代码中setBorder(BorderFactory.createLoweredBevelBorder())对应窗口中的什么,"imageIcon = new ImageIcon("image/ledon.PNG");"" lLed.setIcon(imageIcon);"这两行代码的作用是什么,为什么按钮没有被单击之前这样表达——"bOpen.setEnabled（true）;bClose.setEnabled（false）;bOpen",而被单击之后这样表达——"bOpen.setEnabled（false）;bClose.setEnabled（true）;bClose"。

【拓展任务】

仿照新建客厅灯类KLedWindow的步骤新建类WLedWindow、WCLedWindow,实现卧室和卫生间灯的控制窗口的设计,并实现窗口界面的灯与仿真软件的灯的联动。

任务 6　各房间灯界面的组合

【任务目标】

(1) 掌握选项卡的使用。
(2) 掌握类的实例化。
(3) 能将各房间灯的界面通过选项卡组合在一起。

【任务描述】

用选项卡组合各房间灯的界面，实现图 4-4 所示的效果。

图 4-4　用选项卡组合各房间灯的界面

【实施条件】

(1) Proteus 8.9 软件一套、智能家居系统的电路图一套。
(2) IDEA 家用版或者企业版（Java 程序开发的集成环境）。
(3) 64 位的 Java 运行环境 JDK。

4.6.1　相关知识点解读

各房间灯的界面最终必须组合到一个界面中，实现统一管理。Java 中的组件"选项卡"就具有这样的功能，可将各房间灯的界面有效地组合在一起。

选项卡

JTabbedPane 选项卡面板实现了一个多卡片的用户界面，通过它可以将一个复杂的对话框分割成若干个选项卡，实现对信息的分类显示和管理，使界面更简洁大方，还可以有效地减少窗体的个数。

微课　选项卡

JTabbedPane 的构造方法见表 4-2。

表4-2 JTabbedPane 的构造方法

方法名	含义
public JTabbedPane()	创建一个默认的选项卡面板，默认情况下标签在选项卡的上方，布局方式为限制布局
public JTabbedPane（int tabPlacement）	创建一个指定标签显示位置的选项卡面板。入口参数 tabPlacement 为选项卡标题的位置，值为 TOP（选项卡上方，默认值）、BOTTOM（选项卡下方）、LEFT（选项卡左侧）、RIGHT（选项卡右侧）
public JTabbedPane（int tabPlacement, int tabLayoutPolicy）	创建一个既指定标签显示位置，又指定选项卡布局方式的选项卡面板。入口参数 tabPlacement 为选项卡标题的显示位置，入口参数 tabLayoutPolicy 为选项卡位置不能放入所有的选项卡时，放置选项卡的策略，值为 WRAP_TAB_LAYOU（限制布局，为默认值）、SCROLL_TAB_LAYOUT（滚动布局）

JTabbedPane 的成员方法见表4-3。

表4-3 JTabbedPane 的成员方法

方法名	含义
void addTab（String title, Component component）	添加一个标签为 title 的选项卡
void addTab（String title, Icon icon, Component component）	添加一个标签为 title、图标为 Icon 的选项卡
void setTabPlacement（int tabPlacement）	设置选项卡标签的显示位置
void setTabLayoutPolicy（int tabLayoutPolicy）	设置选项卡标签的布局方式
void setSelectedIndex（int index）	设置指定索引位置的选项卡被选中
void getSelectedComponent（）	获取当前选中的选项卡对应的内容组件
void removeTabAt（int index）	删除 index 位置的标签
void remove（Component component）	从选项卡中删除指定的 Component
void removeAll()	删除所有的选项卡

【例4-9】实现3个页面加入同一个选项卡，同时在每个选项卡中都显示这是第几个选项卡的信息，如图4-5所示。

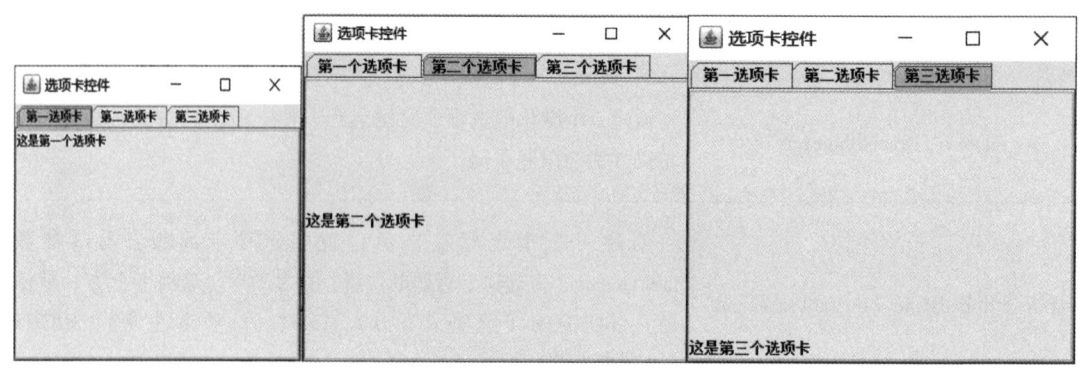

图 4-5 例 4-9 程序运行结果

代码如下:

```java
import java.awt.BorderLayout;
import javax.swing.*;
public class Main extends JFrame{
        JTabbedPane jtbp = new JTabbedPane();    //生成选项卡对象
        JPanel jp1 = new JPanel();               //生成面板对象
        JPanel jp2 = new JPanel();
        JPanel jp3 = new JPanel();
        JLabel lb1 = new JLabel("这是第一个选项卡");  //生成标签控件
        JLabel lb2 = new JLabel("这是第二个选项卡");
        JLabel lb3 = new JLabel("这是第三个选项卡");
    public Main(){   //构造函数
            jp1.setLayout(new BorderLayout());   //设置边界布局
            jp1.add(lb1,BorderLayout.NORTH);     //面板添加标签控件
            jp2.setLayout(new BorderLayout());
            jp2.add(lb2,BorderLayout.CENTER);
            jp3.setLayout(new BorderLayout());
            jp3.add(lb3,BorderLayout.SOUTH);
            jtbp.add("第一选项卡",jp1);//添加面板到选项卡控件
            jtbp.add("第二选项卡",jp2);
            jtbp.add("第三选项卡",jp3);
            this.add(jtbp); //添加选项卡到窗体
            this.setTitle("选项卡控件");//设置窗体标题
            this.setSize(350,300); //设置窗体大小
            this.setLocation(200,200);//设置窗体初始位置
            this.setDefaultCloseOperation(JFrame.EXIT_ON_CLOSE);
            this.setVisible(true);//设置窗体可视化
    }
    public static void main(String[] args) {
        Main a = new Main();
    }
}
```

运行程序即可实现图 4-5 所示的效果。

4.6.2 任务实施

1. 修改 CLedWindow、WCLedWindow、KLedWindow、WLedWindow 类

将 CLedWindow、WCLedWindow、KLedWindow、WLedWindow 类的继承 JFrame 修改为 JPanel，去掉代码中的 setTitle 语句。

> **想一想**
> 为什么需要将类 CLedWindow 的继承 JFrame 修改为 JPanel？为什么要去掉"setTitle("厨房灯的控制");"？

2. 新建类 LedWindow，用选项卡将各房间灯的控制组合到一个界面中

右击包 com.sxjdxy.window，新建类 LedWindow，具体如下：

```java
package com.sxjdxy.window;
import javax.swing.*;
import java.awt.*;

public class LedWindow extends JFrame{
    JTabbedPane jTabbedPane = new JTabbedPane();
    JPanel jp1 = new JPanel();
    JPanel jp2 = new JPanel();
    JPanel jp3 = new JPanel();
    JPanel jp4 = new JPanel();
    public LedWindow(){
        jp1.setLayout(new BorderLayout());
        jp1.add(new KLedWindow(),BorderLayout.NORTH);
        jp2.setLayout(new BorderLayout());
        jp2.add(new WCLedWindow(),BorderLayout.NORTH);
        jp3.setLayout(new BorderLayout());
        jp3.add(new WLedWindow(),BorderLayout.NORTH);
        jp4.setLayout(new BorderLayout());
        jp4.add(new CLedWindow(),BorderLayout.NORTH);
        jTabbedPane.add("客厅",jp1);
        jTabbedPane.add("卫生间",jp2);
        jTabbedPane.add("卧室",jp3);
        jTabbedPane.add("厨房",jp4);
        add(jTabbedPane);
        setTitle("灯");
        setSize(300,150);
        setDefaultCloseOperation(JFrame.DISPOSE_ON_CLOSE);
        setVisible(true);
    }
}
```

在主类主方法中输入"new LedWindow();"，结果如图 4-4 所示。

【拓展任务】

仿照任务实施的第 1 个步骤，将 WCLedWindow 类、WLedWindow 类、KLedWindow 类改为面板。

任务 7　风扇控制窗口的设计

【任务目标】

（1）掌握线程的概念。
（2）掌握线程类与线程接口的使用。
（3）能够实现风扇的动画并与仿真软件的风扇的联动。

【任务描述】

创建厨房、卧室、卫生间及客厅风扇的控制窗口，如图 4－6 所示，并实现控制窗口界面的风扇与仿真软件的风扇的联动。

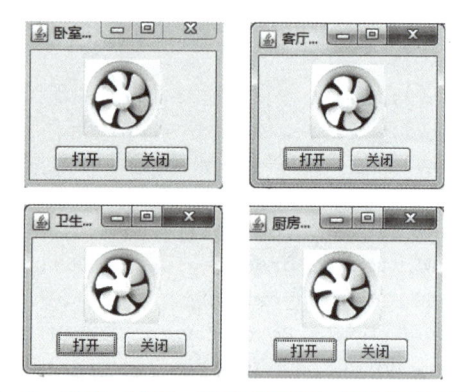

图 4－6　厨房、卧室、卫生间及客厅风扇的控制窗口

【实施条件】

（1）Proteus 8.9 软件一套、智能家居系统的电路图一套。
（2）IDEA 家用版或者企业版（Java 程序开发的集成环境）。
（3）64 位的 Java 运行环境 JDK。

4.7.1　相关知识点解读

马克思主义哲学认为世间万物都处于运动和变化之中，运动是物质的根本属性和存在方式，物质是运动的物质，脱离运动的物质是不存在的；运动是物质的运动，物质是运动的承担者（主体），脱离物质的运动是不存在的。Java 的线程就可以借助 start（）、run（）、sleep（）等方法实现千变万化的运动。

微课　线程

1. 线程

Java 中线程的生命周期如图 4-7 所示。

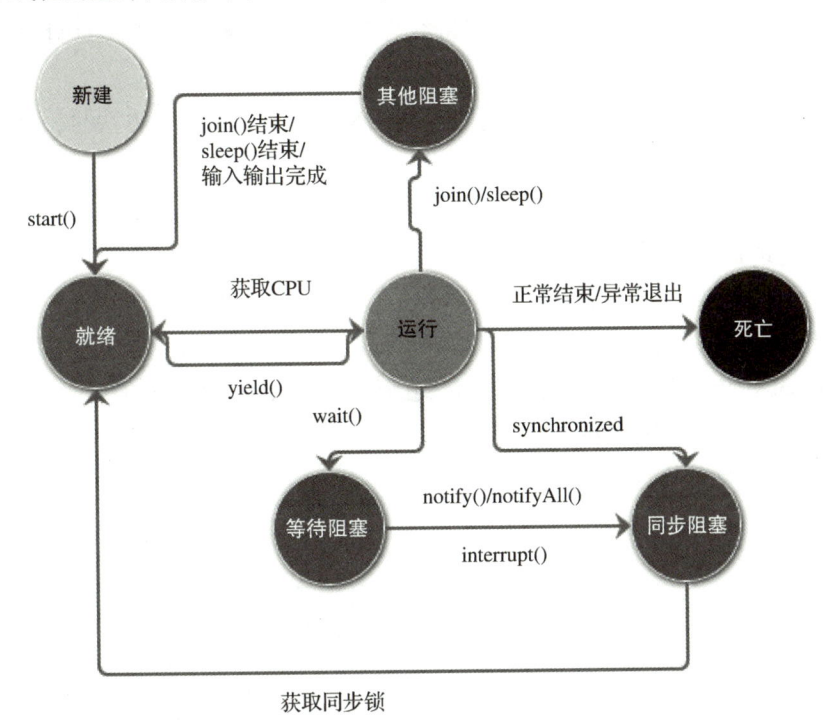

图 4-7 Java 中线程的生命周期

图 4-7 基本上囊括了 Java 中线程的各重要知识点。掌握了图中的各知识点，Java 中的线程知识也就基本掌握了。

Java 中的线程具有 5 种基本状态。

（1）新建状态（New）：当线程对象对创建后，即进入新建状态，如"Thread t = new MyThread( ) ;"。

（2）就绪状态（Runnable）：当调用线程对象的 start( )方法（t. start( ) ;）时，线程即进入就绪状态。处于就绪状态，只是说明此线程已经做好了准备，随时等待 CPU 调度执行，并不是说执行了 t. start( )此线程就会立即执行。

（3）运行状态（Running）：只有当 CPU 开始调度处于就绪状态的线程时，线程才得以真正执行，即进入运行状态。注意：就绪状态是进入运行状态的唯一入口，也就是说，线程要想进入运行状态执行，首先必须处于就绪状态。

（4）阻塞状态（Blocked）：处于运行状态中的线程由于某种原因，暂时放弃对 CPU 的使用权，停止执行，此时即进入阻塞状态，直到其进入就绪状态，才有机会再次被 CPU 调用以进入运行状态。

根据阻塞产生的原因不同，阻塞状态又可以分为 3 种。

①等待阻塞：运行状态中的线程执行 wait( )方法，使本线程进入等待阻塞状态。

②同步阻塞：线程在获取 synchronized 同步锁失败（同步锁被其他线程占用），它会进入

同步阻塞状态。

③其他阻塞：通过调用线程的 sleep( ) 或 join( ) 方法，或发出了 I/O 请求时，线程会进入阻塞状态。当 sleep( ) 状态超时、join( ) 等待线程终止或者超时，或者 I/O 处理完毕时，线程重新转入就绪状态。

（5）死亡状态（Dead）：当线程执行完或者因异常退出了 run( ) 方法时，该线程结束生命周期。

2. Java 中线程的创建

Java 中线程的创建有两种基本形式。

（1）继承 Thread 类，重写该类的 run( ) 方法。

（2）实现 Runnable 接口，并重写该接口的 run( ) 方法，该 run( ) 方法同样是线程执行体。创建 Runnable 并实现类的实例，并以此实例作为 Thread 类的 target 来创建 Thread 对象，该 Thread 对象才是真正的线程对象。

【例 4 – 10】跳动的小球。

```java
import java.awt.*;
import java.awt.event.*;
public class BouncingCircle{
    public static void main(String args[]){
        Circle circle = new Circle();                    //生成对象
        circle.setTitle("跳动的小球");                    //设置窗口标题
        circle.setSize(400,400);                         //设置窗口大小
        circle.addWindowListener(new Handle());          //添加窗口监听,窗口退出
        circle.setVisible(true);                         //设置窗口可视化
        circle.start();                                  //开始
    }
}
class Handle extends WindowAdapter{                      //窗口退出
    public void windowClosing(WindowEvent e){
        System.exit(0);
    }
}
class Circle extends Frame implements Runnable {
    int x = 150,y = 150,r = 30;      //设置圆球大小
    int dx = 11,dy = 7;              //设置圆球轨道
    Thread animator;
    volatile boolean pleaseStop;     //要求线程停止的标记
    //设置圆球的跳起
    //线程周期性地调用此方法
    public void animate(){
        //圆球撞击边缘则弹回
        Rectangle bounds = getBounds();
        if((x - r + dx < 0) ||(x + r + dx > bounds.width)) dx = - dx;
        if((y - r + dy) < 0 ||(y + r + dy > bounds.height)) dy = - dy;
        //移动圆球
        x += dx;y += dy;
```

```
            //调用paint()方法绘制圆球
            repaint();
    }
    public void run(){
        while(!pleaseStop){          //直到要求停止,否则一直循环
            animate();                //更新或者刷新屏幕
            try{ Thread.sleep(100);   //等待100ms
            }
            catch(InterruptedException e){   //忽略中断
            }
        }
    }
    public void start(){
        animator = new Thread(this);      //创建线程
        pleaseStop = false;
        animator.start();                 //线程开始
    }
    public void paint(Graphics g) {       //绘制圆球
        g.setColor(Color.red);            //填充颜色
        g.fillOval(x - r,y - r,r * 2,r * 2);  //画圆
    }
}
```

跳动的小球程序运行结果如图 4-8 所示。

图 4-8 跳动的小球程序运行结果

4.7.2 任务实施

1. 厨房风扇控制窗口的实现

右击包 com. sxjdxy. window,新建类 CFanWindow,具体如下:

```
package com.sxjdxy.window;

import com.newland.serialport.exception.SendDataToSerialPortFailure;
```

```java
import com.newland.serialport.exception.SerialPortOutputStreamCloseFailure;
import com.newland.serialport.manage.SerialPortManager;
import com.sxjdxy.data.Data;

import javax.swing.*;
import java.awt.*;
import java.awt.event.ActionEvent;
import java.awt.event.ActionListener;

public class CFanWindow extends JFrame implements Runnable{
    Thread animator;
    int i=0;
    volatile boolean pleaseStop;
    ImageIcon i1;
    JLabel image1;
    JButton clockwise,counter_clockwise;
    JPanel jPanel1,jPanel2;
    String
fan[]={"image/f1.png","image/f2.png","image/f3.png","image/f4.png","image/f5.png","image/f6.png","image/f7.png","image/f8.png"};
    public CFanWindow()
    {
        setTitle("厨房风扇");
        setSize(180,150);
        setDefaultCloseOperation(JFrame.DISPOSE_ON_CLOSE);
        setVisible(true);
        setLayout(new BorderLayout());
        clockwise=new JButton("打开");
        counter_clockwise=new JButton("关闭");
        i1 = new ImageIcon(fan[0]);
        image1 = new JLabel(i1);
        jPanel1=new JPanel();jPanel1.setBorder(BorderFactory.createLoweredBevelBorder());
        jPanel2=new JPanel();jPanel2.setBorder(BorderFactory.createLoweredBevelBorder());
        jPanel1.add(clockwise);jPanel1.add(counter_clockwise);
        jPanel2.add(image1);
        add(jPanel1,BorderLayout.SOUTH);add(jPanel2,BorderLayout.CENTER);
        clockwise.addActionListener(new ActionListener() {
            @Override
            public void actionPerformed(ActionEvent e) {
                start();
            }
        });
        counter_clockwise.addActionListener(new ActionListener() {
            @Override
            public void actionPerformed(ActionEvent e) {
                stop();
            }
```

```java
            });
        }
        @Override
        public void run() {
            while(!pleaseStop){
                animate();
                try {
                    Thread.sleep(Integer.parseInt(100 + ""));
                } catch (InterruptedException e) {
                    e.printStackTrace();
                }

            }
        }
        public void start(){
            animator = new Thread(this);
            pleaseStop = false;
            animator.start();
            try {
                SerialPortManager.sendToPort(Data.serialPort,Data.CFANOPEN);
            } catch (SendDataToSerialPortFailure sendDataToSerialPortFailure) {
                sendDataToSerialPortFailure.printStackTrace();
            } catch(SerialPortOutputStreamCloseFailure serialPortOutputStreamCloseFailure){
                serialPortOutputStreamCloseFailure.printStackTrace();
            }
        }
        public void stop(){
            pleaseStop = true;
            try {
                SerialPortManager.sendToPort(Data.serialPort,Data.CFANCLOSE);
            } catch (SendDataToSerialPortFailure sendDataToSerialPortFailure) {
                sendDataToSerialPortFailure.printStackTrace();
            } catch (SerialPortOutputStreamCloseFailure serialPortOutputStreamCloseFailure) {
                serialPortOutputStreamCloseFailure.printStackTrace();
            }
        }

        public void animate() {
            if( ++i >= 8){i = 0;}
            repaint();
        }
        public void paint(Graphics g) {
            i1 = new ImageIcon(fan[i]);
            image1.setIcon(i1);
        }
    }
}
```

修改主类的主方法，输入"new CFanWindow( ).animate( );"运行，当单击"打开"按钮时，控制窗口界面的风扇与仿真软件的风扇联动，当单击"关闭"按钮时，控制窗口界面的风扇与仿真软件的风扇均停止。

> **想一想**
>
> 为什么要用线程才能实现风扇的转动？风扇动画中风扇转动的速度与什么有关？

2. 卧室风扇控制窗口的实现

选中类 CFanWindow，进行复制，右击包 com.sxjdxy.window，进行粘贴，输入类 WFanWindow，单击"OK"按钮，将代码中的"厨房"修改为"卧室"，将 CFANOPEN、CFANCLOSE 修改为 WFANOPEN、WFANCLOSE 即可。

【拓展任务】

仿照卧室风扇控制窗口的实现步骤，实现客厅窗口类 KFanWindow、卫生间窗口类 WCFanWindow。

任务8 各房间风扇控制窗口的调用

【任务目标】

（1）掌握单选按钮的使用。

（2）掌握类的实例化。

（3）能够用单选按钮实现风扇控制窗口的调用。

【任务描述】

用单选按钮组合各房间风扇的界面，实现图 4-9 所示的效果。

图 4-9 用单选按钮实现各房间风扇控制窗口的调用

【实施条件】

（1）Proteus 8.9 软件一套、智能家居系统的电路图一套。

（2） IDEA 家用版或者企业版（Java 程序开发的集成环境）。

（3） 64 位的 Java 运行环境 JDK。

4.8.1 相关知识点解读

本任务涉及单选按钮，在项目四的任务 6，基于选项卡将各房间灯的控制界面改为面板而后用选项卡组合，本节基于单选按钮组合各房间风扇控制界面，从而让读者体会组合的多样性，并从中体会马克思主义哲学中物质的表现形式多样性这个道理。

单选按钮

对于单选按钮（JRadioButton），在同一个组内虽然有多个单选选项存在，然而同一时刻只能有一个单选选项处于被选中状态，要实现这种单选功能需要按钮组控件（ButtonGroup）的配合。

JRadioButton 常用的构造方法如下。

（1） public JRadioButton(Icon icon)：创建一个带图片的单选按钮。

（2） public JRadioButton(Icon icon, boolean selected)：创建一个单选按钮，设定图片，并设定是否选中。

（3） public JRadioButton(String text)：创建一个带文本的单选按钮。

（4） public JRadioButton(String text, Icon icon, boolean selected)：创建一个具有指定的文本、图像和选择状态的单选按钮。

JRadioButton 常用的成员方法如下。

（1） public void setSelected(boolean b)：设置单选按钮是否被选中。

（2） public boolean isSelected()：返回单选按钮是否被选中。

（3） public void setText(String text)：设置单选按钮的显示文本。

（4） public void setIcon(Icon defaultIcon)：设置单选按钮的默认图标。

【例 4 – 11】用单选按钮实现性别的选择，如图 4 – 10 所示。

图 4 – 10 选择性别

具体如下：

```
import javax.swing.*;
import java.awt.*;
import java.awt.event.WindowAdapter;
import java.awt.event.WindowEvent;
public class MyRadio {
    JFrame frame = new JFrame("选择性别");
    Container cont = frame.getContentPane();
    JRadioButton jrb1 = new JRadioButton("男");
    JRadioButton jrb2 = new JRadioButton("女");
```

```java
        JPanel pan = new JPanel();
        public MyRadio(){
             pan.setBorder(BorderFactory.createTitledBorder("请选择"));
             pan.setLayout(new GridLayout(1,3));
             ButtonGroup group = new ButtonGroup();
             group.add(this.jrb1);
             group.add(this.jrb2);
             pan.add(this.jrb1);
             pan.add(this.jrb2);
             cont.add(pan);
             frame.setSize(330,80);
             frame.setVisible(true);
             frame.setDefaultCloseOperation(JFrame.EXIT_ON_CLOSE);
        }
}
```

新建 Main 类：

```java
public class Main{
    public static void main(String args[]){
        new MyRadio();
    }
}
```

运行程序即可得到图 4-10 所示的结果。

4.8.2 任务实施

右击包 com.sxjdxy.window，新建类 FansWindow，具体如下：

```java
package com.sxjdxy.window;
import javax.swing.*;
import java.awt.*;
import java.awt.event.ActionEvent;

public class FansWindow extends JFrame {
    JRadioButton radioButton1 = new JRadioButton("卧室");
    JRadioButton radioButton2 = new JRadioButton("客厅");
    JRadioButton radioButton3 = new JRadioButton("卫生间");
    JRadioButton radioButton4 = new JRadioButton("厨房");
    ButtonGroup buttonGroup = new ButtonGroup();
    JButton button = new JButton("确认");
    public FansWindow(){
         setTitle("风扇控制");
         setSize(300,100);
         setVisible(true);
         setLayout(new FlowLayout());
         buttonGroup.add(radioButton1); buttonGroup.add(radioButton2);
buttonGroup.add(radioButton3); buttonGroup.add(radioButton4);
         add(radioButton1);add(radioButton2);add(radioButton3);add(radioButton4);
add(button);
```

```
        button.addActionListener(new AbstractAction() {
            @Override
            public void actionPerformed(ActionEvent e) {
                if(radioButton1.isSelected() == true) new WFanWindow();
                if(radioButton2.isSelected() == true) new KFanWindow();
                if(radioButton3.isSelected() == true) new WCFanWindow();
                if(radioButton4.isSelected() == true) new CFanWindow();
            }
        });
    }
}
```

修改主类的主方法,输入"new FansWindow();",运行结果如图4-9所示。

想一想

"if(radioButton1.isSelected() == true) new WFanWindow();"表达什么意思?去掉图4-9中的"确定"按钮,需要采用什么监听?

【拓展任务】

去掉图4-9中的"确定"按钮,完成调用各房间风扇控制窗口的代码类。

任务9 卧室传感器信息查询窗口的设计

【任务目标】

(1)掌握复选框的编程方程。
(2)能够用复选框动作监听实现传感器信息的查询。

【任务描述】

创建卧室传感器信息查询窗口,实现卧室传感器信息的查询,如图4-11所示。

【实施条件】

(1) Proteus 8.9软件一套、智能家居系统的电路图一套。
(2) IDEA家用版或者企业版(Java程序开发的集成环境)。
(3) 64位的Java运行环境JDK。

图4-11 卧室传感器信息查询窗口

4.9.1 相关知识点解读

复选框

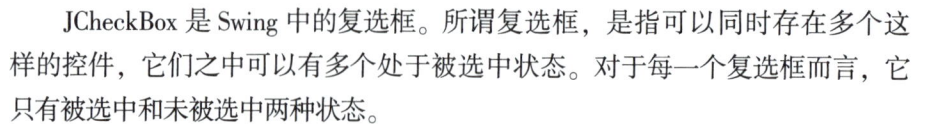

JCheckBox 是 Swing 中的复选框。所谓复选框，是指可以同时存在多个这样的控件，它们之中可以有多个处于被选中状态。对于每一个复选框而言，它只有被选中和未被选中两种状态。

JCheckBox 常用的构造方法见表 4-4。

表 4-4 JCheckBox 常用的构造方法

方法名	含义
public JCheckBox( )	创建一个复选框，不被选中
public JCheckBox(String text)	创建一个带文本的复选框，不被选中
public JCheckBox（String text，boolean selected）	创建一个带文本的复选框，被选中

JCheckBox 常用的成员方法见表 4-5。

表 4-5 JCheckBox 常见的成员方法

方法名	含义
void setText（String text）	设置文本
void setFont（Font font）	设置字体
void setForeground（Color fg）	设置字体颜色
void setSelected（boolean b）	设置复选框是否被选中
boolean isSelected（）	判断复选框是否被选中
void setEnabled（boolean enable）	设置复选框是否可用
void setIconTextGap（int iconTextGap）	设置文本和图片的间距

【例 4-12】完成图 4-12 所示的爱好的选择程序。

（a）

（b）

（c）

图 4-12 爱好的选择程序运行结果

（a）运行初始时的窗口；（b）选中"物联网"复选框时的窗口；（c）选中"大数据"复选框时的窗口

具体如下：

```java
import javax.swing.*;
import java.awt.event.ActionListener;
public class MyJCheckBox extends JFrame implements ActionListener{
    JPanel p = new JPanel();
    JLabel l = new JLabel("请选择你的爱好");
    JCheckBox wlw = new JCheckBox("物联网");
    JCheckBox dsj = new JCheckBox("大数据");
    public MyJCheckBox(){
            p.add(l);
            p.add(wlw);
            p.add(dsj);
            wlw.addActionListener(this);
            dsj.addActionListener(this);
            getContentPane().add(p,"Center");
    }
    public void actionPerformed(java.awt.event.ActionEvent e) {
        if(wlw.isSelected())
            l.setText("您选择的是物联网");
        if(dsj.isSelected())
            l.setText("您选择的是大数据");
    }
}
```

再创建 Main 类：

```java
import javax.swing.*;
public class Main{
    public static void main(String args[]){
        MyJCheckBox myJCheckBox = new MyJCheckBox();
        myJCheckBox.setTitle("选择框的使用");
        myJCheckBox.setSize(300,70);
        myJCheckBox.setVisible(true);
        myJCheckBox.setDefaultCloseOperation(JFrame.EXIT_ON_CLOSE);
    }
}
```

运行程序即可看到图 4－12 所示的效果。

4.9.2 任务实施

右击包 com.sxjdxy.window，新建类 WSensorWindow，继承窗口类，具体如下：

项目 4　任务 9 操作视频

```java
package com.sxjdxy.window;
import com.newland.serialport.exception.SendDataToSerialPortFailure;
import com.newland.serialport.exception.SerialPortOutputStreamCloseFailure;
import com.newland.serialport.exception.TooManyListeners;
import com.sxjdxy.data.Database;
import com.sxjdxy.sensor.WSensor;
import javax.swing.*;
import java.awt.*;
```

```java
import java.awt.event.ActionEvent;
public class WSensorWindow extends JFrame{
    JButton bRead = new JButton("读取信息");
    JCheckBox checkBox1 = new JCheckBox("ID");JCheckBox checkBox2 = new JCheckBox("位置");JCheckBox checkBox3 = new JCheckBox("温度");
    JCheckBox checkBox4 = new JCheckBox("光照");JCheckBox checkBox5 = new JCheckBox("人体");
    JPanel p1 = new JPanel();JPanel p2 = new JPanel();JPanel p3 = new JPanel();
    JPanel p4 = new JPanel();JPanel p5 = new JPanel();
    JTextField t1 = new JTextField(10); JTextField t2 = new JTextField(10); JTextField t3 = new JTextField(10);
    JTextField t4 = new JTextField(10);JTextField t5 = new JTextField(10);
    public WSensorWindow(){
        setTitle("卧室传感信息");
        setVisible(true);
        setSize(300,300);
        setLayout(new GridLayout(6,1));//s1
        p1.setBorder(BorderFactory.createRaisedSoftBevelBorder());
        p2.setBorder(BorderFactory.createRaisedSoftBevelBorder());
        p3.setBorder(BorderFactory.createRaisedSoftBevelBorder());
        p4.setBorder(BorderFactory.createRaisedSoftBevelBorder());
        p5.setBorder(BorderFactory.createRaisedSoftBevelBorder());
        p1.add(checkBox1);p1.add(t1);p2.add(checkBox2);p2.add(t2);p3.add(checkBox3);p3.add(t3);
        p4.add(checkBox4);p4.add(t4);p5.add(checkBox5);p5.add(t5);
        add(p1);add(p2);add(p3);add(p4);add(p5);add(bRead);
        String sql = "CREATE TABLE WSENSOR(ID INT PRIMARY KEY NOT NULL,ADDRESS TEXT NOT NULL,TEMP TEXT NOT NULL,LIGHT TEXT NOT NULL,PEOPLE TEXT NOT NULL)";
        Database database = new Database();
        try {
            database.createDatabase(sql,"W");
        } catch (ClassNotFoundException e) {
            e.printStackTrace();
        }
        bRead.addActionListener(new AbstractAction() {
            @Override
            public void actionPerformed(ActionEvent e) {
                try {
                    new WSensor().readSensor();
                } catch (SerialPortOutputStreamCloseFailure serialPortOutputStreamCloseFailure) {
                    serialPortOutputStreamCloseFailure.printStackTrace();
                } catch (SendDataToSerialPortFailure sendDataToSerialPortFailure) {
                    sendDataToSerialPortFailure.printStackTrace();
                } catch (TooManyListeners tooManyListeners) {
                    tooManyListeners.printStackTrace();
                }
            }
        });
```

```java
        checkBox1.addActionListener(new AbstractAction() {
            @Override
            public void actionPerformed(ActionEvent e) {
                Database database = new Database();
                String[] r = database.selectSensor("SELECT * FROM WSENSOR");
                t1.setText(r[0]);
            }
        });
        checkBox2.addActionListener(new AbstractAction() {
            @Override
            public void actionPerformed(ActionEvent e) {
                Database database = new Database();
                String[] r = database.selectSensor("SELECT * FROM WSENSOR");
                t2.setText(r[1]);
            }
        });
        checkBox3.addActionListener(new AbstractAction() {
            @Override
            public void actionPerformed(ActionEvent e) {
                Database database = new Database();
                String[] r = database.selectSensor("SELECT * FROM WSENSOR");
                t3.setText(r[2] + "℃");
            }
        });
        checkBox4.addActionListener(new AbstractAction() {
            @Override
            public void actionPerformed(ActionEvent e) {
                Database database = new Database();
                String[] r = database.selectSensor("SELECT * FROM WSENSOR");
                t4.setText(r[3]);
            }
        });
        checkBox5.addActionListener(new AbstractAction() {
            @Override
            public void actionPerformed(ActionEvent e) {
                Database database = new Database();
                String[] r = database.selectSensor("SELECT * FROM WSENSOR");
                t5.setText(r[4]);
            }
        });
    }
}
```

修改主类的主方法，输入"new WSensorWindow();"，结果如图4-11所示。

想一想

复选框采用了什么监听？

```java
Database database = new Database();
    String[] r = database.selectSensor("SELECT * FROM WSENSOR");
    t3.setText(r[2]);
```

结合上下文，思考这3行代码实现了什么功能。

【拓展任务】

仿照上述代码用同样的方法创建厨房传感器信息查询窗口，实现厨房传感器信息的查询。

任务 10　厨房传感器信息查询窗口的设计

【任务目标】

（1）掌握下拉列表框的编程。

（2）能够用下拉列表框选项监听实现传感器信息的查询。

【任务描述】

创建厨房传感器信息查询窗口，实现厨房传感器信息的查询，如图 4-13 所示。

图 4-13　厨房传感器信息查询窗口

【实施条件】

（1）Proteus 8.9 软件一套、智能家居系统的电路图一套。

（2）IDEA 家用版或者企业版（Java 程序开发的集成环境）。

（3）64 位的 Java 运行环境 JDK。

4.10.1　相关知识点解读

下拉列表框

下拉列表框（JComboBox）以下列列表的形式展示多个选项，用户可以从下拉列表中选择一个值。选择时需要单击下拉列表右边的下三角按钮，这时候会弹出包含所有选项的列表。用户可以在列表中进行选择，也可以根据需要直接输入所需的选项，还可以输入选项中没有的内容。

JComboBox 常用的构造方法见表 4-6。

微课　下拉列表框

表 4-6 JComboBox 框常用的构造方法

方法名	含义
public JComboBox()	创建一个空的 JComboBox 对象
public JComboBox(ComboBoxModel aModel)	创建一个 JComboBox，其选项取自现有的 ComboBoxModel
public JComboBox(Object[] items)	创建包含指定数组中元素的 JComboBox

JComboBox 常用的成员方法见表 4-7。

表 4-7 JComboBox 常用的成员方法

方法名	含义
void addItem(Object anObject)	将指定的对象作为选项添加到下拉列表框中
void insertItemAt(Object anObject, int index)	在下拉列表框中的指定索引处插入项
void removeItem(Object anObject)	在下拉列表框中删除指定的对象项
void removeItemAt(int anIndex)	在下拉列表框中删除指定位置的对象项
void removeAllItems()	从下拉列表框中删除所有项
int getItemCount()	返回下拉列表框中的项数
Object getItemAt(int index)	获取指定索引的列表项，索引从 0 开始
int getSelectedIndex()	获取当前选择的索引
Object getSelectedItem()	获取当前选择的项

【例 4-13】在下拉列表框中选择喜欢的体育项目，下方的文本框中显示消息，如果没有喜欢的体育项目，可以在最后的文本框中添加，如图 4-14 所示。

图 4-14 下拉列表框案例

具体如下：

```
import javax.swing.*;
import java.awt.event.ActionEvent;
import java.awt.event.ActionListener;
import java.awt.event.ItemEvent;
```

```java
import java.awt.event.ItemListener;
public class Main extends JFrame{
    JPanel p1 = new JPanel();              //创建面板对象
    JLabel la1 = new JLabel("你喜欢的体育项目:");   //创建标签对象
    JLabel la2 = new JLabel("如果没有你喜欢的体育项目,请添加:");
    JTextArea ta = new JTextArea(2,20);        //创建文本区域对象
    JTextField tf = new JTextField(20);    //创建文本框对象
    JButton btn = new JButton("添加");       //创建按钮对象
    String[] list = new String[]{"篮球","足球","游泳","排球"};   //创建数组
    final JComboBox<String> cb = new JComboBox<String>(list);  //创建下拉列表框
    public Main(){
        p1.add(la1);
        p1.add(cb);
        p1.add(ta);
        p1.add(la2);
        p1.add(tf);
        p1.add(btn);
        cb.addItemListener(new ItemListener(){
            public void itemStateChanged(ItemEvent e){
                //只处理选中的状态
                if(e.getStateChange() == ItemEvent.SELECTED){
                    ta.setText("您喜欢的体育项目是:" + cb.getSelectedItem());
                }
            }
        });
        ta.setText("");
        btn.addActionListener(new ActionListener(){
            public void actionPerformed(ActionEvent e){
                //按钮添加动作
                if(e.getSource() == btn){
                    cb.addItem(tf.getText());
                }
                tf.setText("");
            }
        });
        setContentPane(p1);
        setTitle("下拉列表框");
        setSize(350,200);
        setDefaultCloseOperation(WindowConstants.EXIT_ON_CLOSE);
        setVisible(true);
    }
    public static void main(String[] args){
        Main a = new Main();
    }
}
```

下拉列表框程序运行结果如图 4-15 所示。

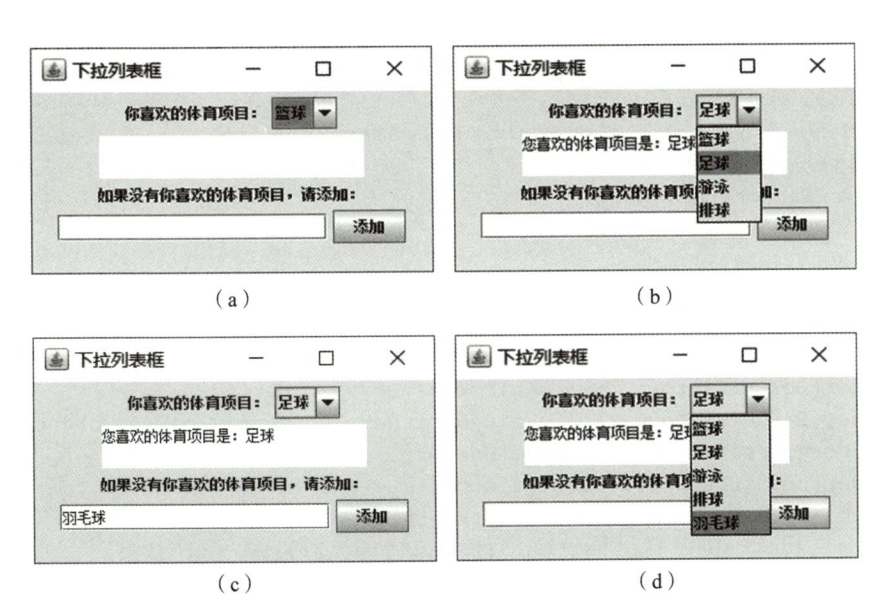

图 4–15 下拉列表框程序运行结果

（a）运行初始状态；（b）在下拉列表中选中"足球"选项；
（c）在文本框中输入"羽毛球"；（d）下拉列表中出现"羽毛球"选项

4.10.2 任务实施

右击包 com.sxjdxy.window，新建类 CSensorWindow，继承窗口类，具体如下：

```
package com.sxjdxy.window;
import com.newland.serialport.exception.SendDataToSerialPortFailure;
import com.newland.serialport.exception.SerialPortOutputStreamCloseFailure;
import com.newland.serialport.exception.TooManyListeners;
import com.sxjdxy.data.Database;
import com.sxjdxy.sensor.CSensor;
import javax.swing.*;
import java.awt.*;
import java.awt.event.ActionEvent;
import java.awt.event.ItemEvent;
import java.awt.event.ItemListener;
public class CSensorWindow extends JFrame{
    String[] result = new String[6];
    JButton bRead = new JButton("读取信息");
    JButton bDisp = new JButton("查询信息");
    String[] string = {"ID","位置","温度","光线","人体","火焰"};
    JComboBox jComboBox = new JComboBox(string);
    JPanel p1 = new JPanel();JPanel p2 = new JPanel();JPanel p3 = new JPanel();
    JPanel p4 = new JPanel();JPanel p5 = new JPanel();JPanel p6 = new JPanel();
    JLabel label1 = new JLabel("ID:");JLabel label2 = new JLabel("位置:");JLabel label3 = new JLabel("温度:");
    JLabel label4 = new JLabel("光线:");JLabel label5 = new JLabel("人体:");JLabel label6 = new JLabel("火焰:");
```

项目 4 任务 10 操作视频

```java
        JTextField t1 = new JTextField(10); JTextField t2 = new JTextField(10);
JTextField t3 = new JTextField(10);
        JTextField t4 = new JTextField(10); JTextField t5 = new JTextField(10);
JTextField t6 = new JTextField(10);
    public CSensorWindow(){
            setTitle("厨房传感信息");
            setVisible(true);
            setSize(300,300);
            setLayout(new GridLayout(9,1));
            p1.setBorder(BorderFactory.createRaisedSoftBevelBorder());
p2.setBorder(BorderFactory.createRaisedSoftBevelBorder());
p3.setBorder(BorderFactory.createRaisedSoftBevelBorder());p4.setBorder
(BorderFactory.createRaisedSoftBevelBorder());
p5.setBorder(BorderFactory.createRaisedSoftBevelBorder());p6.setBorder
(BorderFactory.createRaisedSoftBevelBorder());
            p1.add(label1);p1.add(t1);p2.add(label2);p2.add(t2);p3.add(label3);
p3.add(t3);
            p4.add(label4);p4.add(t4);p5.add(label5);p5.add(t5);p6.add(label6);
p6.add(t6);
            add(p1);add(p2);add(p3);add(p4);add(p5);add(p6);
            add(bRead);add(bDisp);
            add(jComboBox);
            String sql = "CREATE TABLE CSENSOR(ID INT PRIMARY KEY NOT NULL,ADDRESS
TEXT,TEMP TEXT,LIGHT TEXT,PEOPLE TEXT,FIRE TEXT)";
            Database database = new Database();
            try {
                database.createDatabase(sql,"C");
            } catch (ClassNotFoundException e) {
                e.printStackTrace();
            }
            bRead.addActionListener(new AbstractAction() {
                @Override
                public void actionPerformed(ActionEvent e) {
                    try {
                        new CSensor().readSensor();
                    } catch (SerialPortOutputStreamCloseFailure
serialPortOutputStreamCloseFailure) {
                        serialPortOutputStreamCloseFailure.printStackTrace();
                    } catch (SendDataToSerialPortFailure sendDataToSerialPortFailure) {
                        sendDataToSerialPortFailure.printStackTrace();
                    } catch (TooManyListeners tooManyListeners) {
                        tooManyListeners.printStackTrace();
                    }
                }
            });
            bDisp.addActionListener(new AbstractAction() {
                @Override
                public void actionPerformed(ActionEvent e) {
                    String sql = "select * from CSENSOR";
```

```
                Database database = new Database();
                result = database.selectCSensor(sql);
            }
        });
        jComboBox.addItemListener(new ItemListener() {
            @Override
            public void itemStateChanged(ItemEvent e) {
                switch (jComboBox.getSelectedIndex())
                {
                    case 0:t1.setText(result[0]);break;
                    case 1:t2.setText(result[1]);break;
                    case 2:t3.setText(result[2] + "℃");break;
                    case 3:t4.setText(result[3]);break;
                    case 4:t5.setText(result[4]);break;
                    case 5:t6.setText(result[5]);break;
                }
            }
        });
    }
}
```

修改主类主方法输入"new CSensorWindow();"结果如图 4-13 所示。

> **想一想**
>
> 任务 9 中拓展任务的代码和任务 10 中任务实施的代码有区别吗？区别是什么？你写的代码是用什么实现的？任务 10 中任务实施的代码是用什么实现的？还有别的方法吗？这两种方法的缺点是什么？

【拓展任务】

仿照任务 10 中任务实施的代码，用同样的方法创建卫生间传感器信息查询窗口，实现卫生间传感器信息的查询。

任务 11 卫生间传感器信息查询窗口的设计

【任务目标】

（1）掌握列表框的编程方法。
（2）能够用列表框列表选项监听实现传感器信息的查询。

【任务描述】

创建卫生间传感器信息查询窗口，实现卫生间传感器信息的查询，如图 4-16 所示。

图 4-16　卫生间传感器信息查询窗口

【实施条件】

（1）Proteus 8.9 软件一套、智能家居系统的电路图一套。

（2）IDEA 家用版或者企业版（Java 程序开发的集成环境）。

（3）64 位的 Java 运行环境 JDK。

4.11.1　相关知识点解读

选择 Java 列表框的选项，就可以控制所选项完成其动作。

微课　列表框

列表框（组合框）

列表框（JList）用来显示所有可选项并返回选中项，如图 4-17 所示。

JList 与 JCheckBox 有点相似，都可以让用户选择一个或多个选项，二者较不同的是，JList 的选项方式是整列选取。

JList 的构造方法如下。

（1）JList( )：建立一个新的 JList 组件。

（2）JList(ListModel dataModel)：利用 ListModel 建立一个新的 JList 组件.

（3）JList(Object[ ] listData)：利用 Array 对象建立一个新的 JList 组件。

（4）JList(Vector listData)：利用 Vector 对象建立一个新的 JList 组件。

图 4-17　列表框

一般若不需要在 JList 中加入 Icon 图像，通常会用第（3）个或第（4）个构造方法建立 JList 对象。二者的最大不同在于使用 Array 对象建立 JList 组件无法改变项目的数量。对于项目数量经常改变的环境来说，使用 Vector 对象建立 JList 组件比较合适。

当窗口变小时，JList 并不会有滚动条（ScrollBar）的效果，因此可能无法看到位置靠下的选项。若需要有滚动的效果，必须将 JList 放入滚动面板（JScrollPane），可以将"contentPane. add（list1）;"改为"contentPane. add（new JScrollPane（list1））;"。如此就有滚动的效果了。若需要有多个选项，在 JList 中有 3 种选择模式（Selection Mode）可供使用，分别是单一选择、连续区间选择、多重选择。可以在 ListSelectionModel 这个 interface 中找到这 3 个常数值，具体如下：

（1）static int SINGLE_SELECTION：一次只能选择一个项目。

（2）static int SINGLE_INTERVAL_SELECTION：按住 Shift 键，可以对某一连续的项目进行选取。

（3）static int MULTIPLE_INTERVAL_SELECTION：没有任何限制，可进行单一选择、连续区间选择，或对不连续的项目进行多重选择（按住 Ctrl 键）。多重选择是 Java 对 JList 的默认值，因此在上例中你可以在 JList 中作这 3 种模式的选择方式。

设置选择模式可以利用 JList 所提供的 setSelectionMode（int selectionMode）方法。

JList 的事件处理方法是采用 JList 类中的 addListSelectionListener（）方法，可以检测用户是否对 JList 的选择有任何改变。ListSelectionListener interface 中只有定义一个方法，那就是 valueChanged（ListSelectionEvent e），必须实现这个方法，才能在用户改变选择值时取得用户最后的选择状态。

【例 4 – 14】列表框。

```
类 MyJList：
import java.awt.*;
import java.awt.event.*;
import javax.swing.*;
import javax.swing.event.*;
public class Main extends JFrame
{
    JList list;
    JLabel label;
    String[] s = {"美国","日本","中国","英国","法国","意大利","澳大利亚","韩国"};

    public Main(){
        setTitle("列表框");
        setSize(200,200);
        setVisible(true);
        setDefaultCloseOperation(JFrame.EXIT_ON_CLOSE);
        setLayout(new BorderLayout());
        label = new JLabel();
        list = new JList(s);
        list.setVisibleRowCount(5);
```

```java
            list.setBorder(BorderFactory.createTitledBorder("您最喜欢到哪个国家玩呢?"));
            list.addListSelectionListener(new ListSelectionListener(){
                @Override
                public void valueChanged(ListSelectionEvent e){
                    int tmp = 0;
                    String stmp = "您目前选取:";
                    int[] index = list.getSelectedIndices();
//利用JList类所提供的getSelectedIndices()方法可得到用户所选取的所有
                    for(int i=0; i < index.length; i++){  //index值,这些index
值由一个int array返回.
                        tmp = index[i];
                        stmp = stmp + s[tmp] + " ";  }
                    label.setText(stmp);
                }
            });
            add(label,BorderLayout.NORTH);
            add(new JScrollPane(list),BorderLayout.CENTER);
        }
        public static void main(String args[]){
            new Main();
        }
    }
```

列表框程序运行结果如图4-18所示。

图4-18 列表框程序运行结果

4.11.2 任务实施

右击 com. sxjdxy. window，新建类 WCSensorWindow，继承窗口类，具体如下：

项目4 任务11 操作视频

```java
package com.sxjdxy.window;
import com.newland.serialport.exception.SendDataToSerialPortFailure;
import com.newland.serialport.exception.SerialPortOutputStreamCloseFailure;
import com.newland.serialport.exception.TooManyListeners;
import com.sxjdxy.data.Database;
import com.sxjdxy.sensor.WCSensor;
```

```java
import javax.swing.*;
import javax.swing.event.ListSelectionEvent;
import javax.swing.event.ListSelectionListener;
import java.awt.*;
import java.awt.event.ActionEvent;
public class WCSensorWindow extends JFrame{
    String[] result = new String[7];
    JButton bRead = new JButton("读取信息");
    JButton bDisp = new JButton("查询信息");
    String[] string = {"ID","位置","温度","光线","人体"};
    JList jList = new JList(string);
    JPanel p1 = new JPanel();JPanel p2 = new JPanel();JPanel p3 = new JPanel();
    JPanel p4 = new JPanel();JPanel p5 = new JPanel();
    JLabel label1 = new JLabel("ID:");JLabel label2 = new JLabel("位置:");JLabel label3 = new JLabel("温度:");
    JLabel label4 = new JLabel("光线:");JLabel label5 = new JLabel("人体:");
    JTextField t1 = new JTextField(10);JTextField t2 = new JTextField(10);JTextField t3 = new JTextField(10);
    JTextField t4 = new JTextField(10);JTextField t5 = new JTextField(10);
    public WCSensorWindow(){
        setTitle("卫生间传感信息");
        setVisible(true);
        setSize(250,350);
        setLayout(new FlowLayout());//sl
        p1.setBorder(BorderFactory.createRaisedSoftBevelBorder());
        p2.setBorder(BorderFactory.createRaisedSoftBevelBorder());
        p3.setBorder(BorderFactory.createRaisedSoftBevelBorder());
        p4.setBorder(BorderFactory.createRaisedSoftBevelBorder());
        p5.setBorder(BorderFactory.createRaisedSoftBevelBorder());
        p1.add(label1);p1.add(t1);p2.add(label2);p2.add(t2);p3.add(label3);p3.add(t3);
        p4.add(label4);p4.add(t4);p5.add(label5);p5.add(t5);
        add(p1);add(p2);add(p3);add(p4);add(p5);
        add(bRead);add(bDisp);
        add(jList);
        String sql = "CREATE TABLE WCSENSOR(ID INT PRIMARY KEY NOT NULL,ADDRESS TEXT NOT NULL,TEMP TEXT NOT NULL,LIGHT TEXT NOT NULL,PEOPLE TEXT NOT NULL)";
        Database database = new Database();
        try{
            database.createDatabase(sql,"WC");
        }catch (ClassNotFoundException e){
            e.printStackTrace();
        }
        bRead.addActionListener(new AbstractAction() {
            @Override
            public void actionPerformed(ActionEvent e) {
                try{
                    new WCSensor().readSensor();
```

```java
                    } catch (SerialPortOutputStreamCloseFailure serialPortOutput
StreamCloseFailure) {
                        serialPortOutputStreamCloseFailure.printStackTrace();
                    } catch (SendDataToSerialPortFailure sendDataTo
SerialPortFailure) {
                        sendDataToSerialPortFailure.printStackTrace();
                    } catch (TooManyListeners tooManyListeners) {
                        tooManyListeners.printStackTrace();
                    }
                }
            });
            bDisp.addActionListener(new AbstractAction() {
                @Override
                public void actionPerformed(ActionEvent e) {
                    String sql = "SELECT * FROM WCSENSOR";
                    Database database = new Database();
                    result = database.selectSensor(sql);
                }
            });
            jList.addListSelectionListener(new ListSelectionListener() {
                @Override
                public void valueChanged(ListSelectionEvent e) {
                    switch (jList.getSelectedIndex())
                    {
                        case 0:t1.setText(result[0]);break;
                        case 1:t2.setText(result[1]);break;
                        case 2:t3.setText(result[2] + "°C");break;
                        case 3:t4.setText(result[3]);break;
                        case 4:t5.setText(result[4]);break;

                    }
                }
            });
        }
}
```

修改主类的主方法，输入"new WCSensorWindow();"，程序运行结果如图4-16所示。

想一想

任务10中拓展任务的代码和任务11中任务实施的代码有区别吗？区别是什么？你写的代码是用什么实现的？任务11中任务实施的代码是用什么实现的？

【拓展任务】

仿照任务11中任务实施的代码，用同样的方法创建客厅传感器信息查询窗口，实现客厅传感器信息的查询。

任务 12　客厅传感器信息查询窗口的设计

【任务目标】

（1）掌握文本框的编程方法。

（2）能够对文本框编程，实现客厅传感器信息的查询。

【任务描述】

创建客厅传感器信息查询窗口，实现客厅传感器信息的查询，如图 4-19 所示。

图 4-19　客厅传感器信息查询窗口

【实施条件】

（1）Proteus 8.9 软件一套、智能家居系统的电路图一套。

（2）IDEA 家用版或者企业版（Java 程序开发的集成环境）。

（3）64 位的 Java 运行环境 JDK。

4.12.1　相关知识点解读

1. 文本框

文本框（TextField）用来接收用户输入的单行文本信息，而文本区可以接收多行文本信息。

1）文本框的构造方法

（1）TextField( )：创建一个默认长度的文本框。

（2）TextField(int columns)：创建一个列数是 columns 的文本框（即宽度）。

（3）TextField(String text)：创建一个带有初始文本内容的文本框。

（4）TextField(String text,int columns)：创建一个带有初始文本内容并具有指定列数

微课　文本框

的文本框。

2) 文本框的成员方法

(1) public void setText(String t)：设定文本框的文本内容。

(2) public String getText( )：返回文本框中的文本内容。

(3) public void setEditable(boolean b)：设定文本框是否具有只读属性，false 为只读。

(4) public void addFocusListener(FocusListener f)：为文本框增加焦点监听。

【例 4 – 15】 文本框。

```java
import javax.swing.*;
import javax.swing.border.TitledBorder;
import java.awt.*;
import java.awt.event.FocusEvent;
import java.awt.event.FocusListener;
public class Main extends JFrame {
    //定义组件
    JPanel jp1,jp2;
    JTextField jb1,jb2;
    public static void main(String[] args) {
        new Main();
    }
    //构造方法
    public Main()
    {
        //创建组件
        //面板组件 JPanel 布局模式默认的是流式布局 FlowLayout
        jp1 = new JPanel();
        jp2 = new JPanel();
        jb1 = new JTextField(10);
        jb2 = new JTextField(10);
        //把组件添加到 JPanel
        jp1.add(jb1);
        jp2.add(jb2);
        //面板修饰
        jp1.setBorder(new TitledBorder("面板 1"));
        jp2.setBorder(new TitledBorder("面板 2"));
        jp1.setBackground(Color.ORANGE);
        jp2.setBackground(Color.pink);
        //把 JPanel 加入 JFrame
        add(jp1,BorderLayout.NORTH);
        add(jp2,BorderLayout.SOUTH);
        //设置窗口属性
        setSize(300,200);
        setTitle("面板与文本框");
        setDefaultCloseOperation(JFrame.EXIT_ON_CLOSE);
        setResizable(false);
        setVisible(true);
        //为文本框增加焦点监听
```

```
            jb1.addFocusListener(new FocusListener() {
                @Override
//焦点重绘
                public void focusGained(FocusEvent e) {
                    jb1.setBackground(Color.RED);
                }
                @Override
                //焦点失去
                public void focusLost(FocusEvent e) {
                    jb1.setBackground(Color.BLUE);
                }
            });
            jb2.addFocusListener(new FocusListener() {
                @Override
//焦点重绘
                public void focusGained(FocusEvent e) {
                    jb2.setBackground(Color.GREEN);
                }
                @Override
//焦点失去
                public void focusLost(FocusEvent e) {
                    jb2.setBackground(Color.YELLOW);
                }
            });
    }
}
```

文本框程序运行结果如图 4-20 所示。

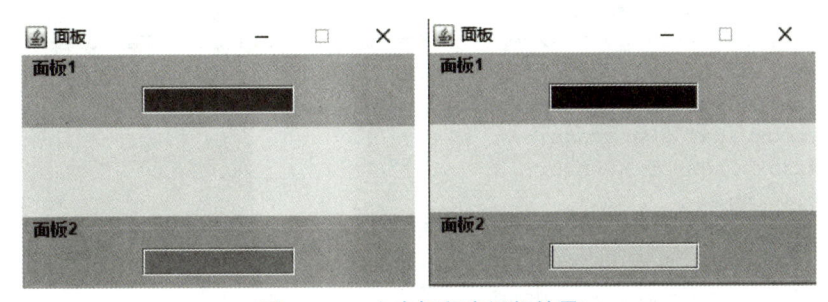

图 4-20 文本框程序运行结果

2. 密码框

密码框（JPasswordField）通常来接收用户输入的密码，输入的密码以回显字符的方式显示，默认回显字符为"."。

1）密码框的构造方法

（1）JPasswordField( )：创建一个默认宽度的密码框。

（2）JPasswordField(int column)：创建一个宽度为 column 列的密码框。

（3）JPasswordField(String s, int column)：创建一个默认字符为 s、宽度为 column 列的密码框。

2）密码框的成员方法

（1）setEchoChar(char c)：设定用户输入字符的回显字符。

（2）getText(String s)：获取用户输入的密码。

3. 文本域

文本域（JTextArea）通常用来接收用户输入的多行信息。

1）文本域的构造方法

（1）JTextArea( )：创建一个默认行数和宽度的文本域。

（2）JTextArea(int row,int columns)：创建一个行数为 row、列数为 columns（即宽度）的文本域。

（3）JTextArea(String text,int row,int columns)：创建一个带有初始文本内容的行数是 row 列数是 columns 的文本域。

2）文本域的成员方法

（1）public void setText(String t)：设定文本域的文本内容。

（2）public String getText( )：返回文本域的文本内容。

（3）public void setEditable(boolean b)：设定文本域是否具有只读属性，false 为只读。

（4）public void addFocusListener(FocusListener f)：为文本域增加焦点监听。

（5）public void setEnabled(boolean b)：设置文本域是否可用。

4.12.2 任务实施

右击 com.sxjdxy.window，新建类 KSensorWindow，继承窗口类，具体如下：

```java
package com.sxjdxy.window;
import com.newland.serialport.exception.SendDataToSerialPortFailure;
import com.newland.serialport.exception.SerialPortOutputStreamCloseFailure;
import com.newland.serialport.exception.TooManyListeners;
import com.sxjdxy.data.Database;
import com.sxjdxy.sensor.KSensor;
import javax.swing.*;
import java.awt.*;
import java.awt.event.ActionEvent;
public class KSensorWindow extends JFrame{
    JButton bRead = new JButton("读取信息");
    JButton bDisp = new JButton("显示信息");
    JPanel p1 = new JPanel();JPanel p2 = new JPanel();JPanel p3 = new JPanel();
    JPanel p4 = new JPanel();JPanel p5 = new JPanel();
    JLabel label1 = new JLabel("ID:");JLabel label2 = new JLabel("ADDRESS:");JLabel label3 = new JLabel("TEMP:");
    JLabel label4 = new JLabel("HUMI:");JLabel label5 = new JLabel("LIGHT:");
    JTextField t1 = new JTextField(10); JTextField t2 = new JTextField(10); JTextField t3 = new JTextField(10);
    JTextField t4 = new JTextField(10);JTextField t5 = new JTextField(10);
```

```java
    public KSensorWindow(){
        setTitle("客厅传感信息");
        setVisible(true);
        setSize(250,350);
        setLayout(new GridLayout(7,1));
        p1.setBorder(BorderFactory.createRaisedSoftBevelBorder());
p2.setBorder(BorderFactory.createRaisedSoftBevelBorder());
        p3.setBorder(BorderFactory.createRaisedSoftBevelBorder());
p4.setBorder(BorderFactory.createRaisedSoftBevelBorder());
        p5.setBorder(BorderFactory.createRaisedSoftBevelBorder());
        p1.add(label1);p1.add(t1);p2.add(label2);p2.add(t2);p3.add(label3);p3.add(t3);
        p4.add(label4);p4.add(t4);p5.add(label5);p5.add(t5);
        add(p1);add(p2);add(p3);add(p4);add(p5);add(bRead);add(bDisp);
        String sql = "CREATE TABLE KSENSOR(ID INT PRIMARY KEY NOT NULL,ADDRESS TEXT NOT NULL,TEMP TEXT NOT NULL,LIGHT TEXT NOT NULL,PEOPLE TEXT NOT NULL)";
        Database database = new Database();
        try {
            database.createDatabase(sql,"K");
        } catch (ClassNotFoundException e) {
            e.printStackTrace();
        }
        bRead.addActionListener(new AbstractAction() {
            @Override
            public void actionPerformed(ActionEvent e) {
                try {
                    new KSensor().readSensor();
                } catch (SerialPortOutputStreamCloseFailure serialPortOutputStreamCloseFailure) {
                    serialPortOutputStreamCloseFailure.printStackTrace();
                } catch (SendDataToSerialPortFailure sendDataToSerialPortFailure) {
                    sendDataToSerialPortFailure.printStackTrace();
                } catch (TooManyListeners tooManyListeners) {
                    tooManyListeners.printStackTrace();
                }
            }
        });
        bDisp.addActionListener(new AbstractAction() {
            @Override
            public void actionPerformed(ActionEvent e) {
                String sql = "SELECT * FROM KSENSOR";
                Database database = new Database();
                String[] result = database.selectSensor(sql);
                t1.setText(result[0]); t2.setText(result[1]); t3.setText(result[2] + "℃");
                t4.setText(result[3]); t5.setText(result[4]);
            }
        });
    }
}
```

修改主类的主方法,输入"new KSensorWindow();",程序运行结果如图4-19所示。

> **想一想**
>
> 任务11中拓展任务的代码和任务12中任务实施的代码有区别吗?区别是什么?你写的代码是用什么实现的?任务12中任务实施的代码是用什么实现的?它有什么优点?

【拓展任务】

仿照任务12中任务实施的代码,实现用户注册,如图4-21所示。

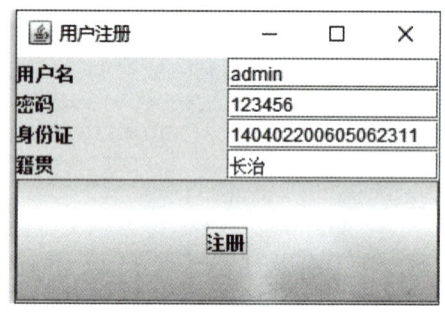

图4-21 用户注册界面

任务13* 以表格显示各房间传感器历史信息

【任务目标】

(1)掌握表格的编程方法。
(2)能够利用表格显示各房间传感器的历史信息。

【任务描述】

创建厨房传感器历史信息查询窗口,以表格方式显示厨房传感器历史信息,如图4-22所示。

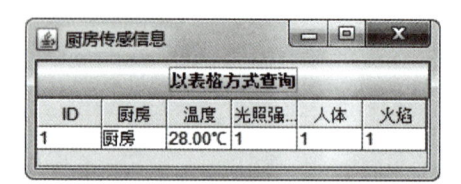

图4-22 表格显示厨房传感器历史信息查询窗口

【实施条件】

(1)Proteus 8.9软件一套、智能家居系统的电路图一套。
(2)IDEA家用版或者企业版(Java程序开发的集成环境)。
(3)64位的Java运行环境JDK。

4.13.1 相关知识点解读

表格

表格控件（JTable）用来显示和编辑常规二维单元表。二维单元表是将数据以表格的形式显示给用户看的一种组件，它包括行和列，其中每列代表一种属性，而每行代表一个实体，如图 4-23 所示。

图 4-23 表格

1. JTable 常用的构造方法

（1）JTable()：创建空表格，后续再添加相应数据。

（2）JTable(int numRows, int numColumns)：创建指定行、列数的空表格，表头名称默认使用大写字母（A，B，C…）依次表示。

（3）JTable(Object[ ][ ] rowData, Object[ ] columnNames)：创建表格，指定表格行数据和表头名称。

（4）JTable(TableModel dm)：使用表格模型创建表格。

2. JTable 常用的成员方法

（1）void setFont(Font font)：设置内容字体。

（2）void setForeground(Color fg)：设置字体颜色。

（3）void setGridColor(Color gridColor)：设置网格颜色。

（4）void setShowGrid(boolean showGrid)：设置是否显示网格。

（5）jTableHeader.setFont(Font font)：设置表头名称字体样式。

（6）void setRowHeight(int rowHeight)：设置所有行的行高。

（7）void setWidth(int width)：设置列宽。

3. 表格模型 TableModel

TableModel 接口指定了 JTable 用于询问表格式数据模型的方法。TableModel 封装了表格中的各种数据，为表格显示提供数据。一般使用 AbstractTableModel 创建 TableModel，只有少量数据时使用 DefaultTableModel。

【例 4-16】表格。

```
类 MyTableModel：
import javax.swing.table.AbstractTableModel;
public class MyTableModel extends AbstractTableModel {
    Object[] columnNames = {"商品编号","商品名称","商品价格(元/kg)","产地"};
//表头(列名)
```

```
        Object[][] rowData = {                //表格所有行数据
                    {"10001", "鸡蛋", 3.5, "石子村"},
                    {"10002", "芹菜", 1.98, "山东寿光"},
                    {"10003", "梳打饼干", 3.0, "福建达利园"},
                    {"10004", "散称巧克力", 2.98, "福建达利园"},
                    {"10005", "袋装豆腐干", 1.08, "北京盼盼"}
        };
        public int getRowCount() { //返回总行数
             return rowData.length;
        }
        public int getColumnCount() {   //返回总列数
             return columnNames.length;
        }
        public String getColumnName(int column) {   //返回列名称
             return columnNames[column].toString();
        }
        public Object getValueAt(int rowIndex, int columnIndex) {   //返回指定单元格显示的值
             return rowData[rowIndex][columnIndex];
        }
}
Main 类
import javax.swing.*;
import javax.swing.table.AbstractTableModel;
import java.awt.*;
public class Main extends JFrame {
          JPanel panel = new JPanel(new BorderLayout());//创建内容面板,使用边界布局
          JTable table = new JTable(new MyTableModel()); //使用表格模型创建一个表格
          public Main() {
          panel.add(table.getTableHeader(), BorderLayout.NORTH);//添加表头
          panel.add(table, BorderLayout.CENTER);//添加表格
          add(panel);                          //添加面板
          setTitle("表格控件");//设置窗体标题
          setSize(400, 150);     //设置窗体大小
          setLocation(200, 200);//设置窗体初始位置
          setDefaultCloseOperation(JFrame.EXIT_ON_CLOSE);//设置虚拟机和窗体一同关闭
          setVisible(true);//设置窗体可视化

          }
      public static void main(String[] args) {
         Main a = new Main();
      }
   }
```

表格程序运行结果如图 4－24 所示。

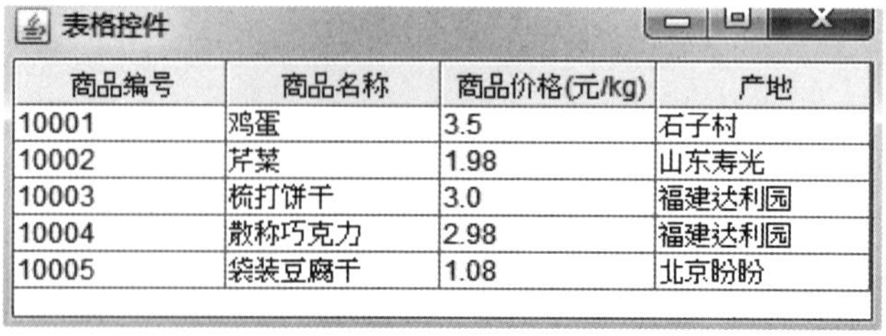

商品编号	商品名称	商品价格(元/kg)	产地
10001	鸡蛋	3.5	石子村
10002	芹菜	1.98	山东寿光
10003	梳打饼干	3.0	福建达利园
10004	散称巧克力	2.98	福建达利园
10005	袋装豆腐干	1.08	北京盼盼

图 4－24　表格程序运行结果

4.13.2 任务实施

右击 com.sxjdxy.window，新建类 CSensorWindowForm，继承窗口类，具体如下：

```java
package com.sxjdxy.window;
import javax.swing.*;
import javax.swing.table.DefaultTableModel;
import java.awt.*;
import java.awt.event.ActionEvent;
import java.sql.Connection;
import java.sql.DriverManager;
import java.sql.ResultSet;
import java.sql.Statement;
import java.util.Vector;
public class CSensorWindowForm extends JFrame{
    Vector vector1 = new Vector(1,1);
    DefaultTableModel defaultTableModel1 = new DefaultTableModel();
    JTable jTable1 = new JTable(defaultTableModel1);
    JScrollPane jScrollPane1 = new JScrollPane(jTable1);
    String[] head = {"ID","厨房","温度","光照强度","人体","火焰"};
    JButton bDisp = new JButton("以表格方式查询");
    public CSensorWindowForm(){
        setTitle("厨房传感信息");
        setVisible(true);
        setSize(300,300);
        setLayout(new BorderLayout());
        for(int i = 0;i < 6;i ++)
        {
            defaultTableModel1.addColumn(head[i]);
        }
        add(bDisp,BorderLayout.NORTH);add(jScrollPane1,BorderLayout.CENTER);
        bDisp.addActionListener(new AbstractAction() {
            @Override
            public void actionPerformed(ActionEvent e) {
                String s = "SELECT * FROM CSENSOR";
                select(s,defaultTableModel1,vector1);
            }
        });
    }
    public void select(String sql,DefaultTableModel defaultTableModel,Vector vector)
    {
        int j = defaultTableModel.getRowCount(); //获取表格行数
        if (j > 0) {
            for (int i = 0; i < j; i ++) {
                defaultTableModel.removeRow(0); //清除表格数据
            }
        }
        String result = "";
        Connection c = null;
        Statement stmt = null;
        try {
            Class.forName("org.sqlite.JDBC");
            c = DriverManager.getConnection("jdbc:sqlite:SENSOR.db");
```

```
            c.setAutoCommit(false);
            System.out.println("打开数据库成功");
            stmt = c.createStatement();
            ResultSet rs = stmt.executeQuery(sql);
            while ( rs.next() ) {
                vector = new Vector(1,1);
                vector.add(rs.getInt(1) + "");
                vector.add(rs.getString(2));
                vector.add(rs.getString(3) + "℃");
                vector.add(rs.getString(4));
                vector.add(rs.getString(5));
                vector.add(rs.getString(6));
                defaultTableModel.addRow(vector);  //数组的结果放入表格
            }
            rs.close();
            stmt.close();
            c.close();
        } catch ( Exception e ) {
            System.err.println( e.getClass().getName() + ": " + e.getMessage() );
            System.exit(0);}
    }
}
```

修改主类主方法输入"new CSensorWindowForm();",结果如图 4-22 所示。

> **想一想**
>
> 任务 13 的任务实施中有如下代码:
>
> ```
> for(int i = 0;i < 6;i ++ )
> {
>     defaultTableModel1.addColumn(head[i]);
> }
> ```
>
> 其完成了什么功能?
>
> 还有部分代码如下:
>
> ```
> ResultSet rs = stmt.executeQuery(sql);
>         while ( rs.next() ) {
>             vector = new Vector(1,1);
>             vector.add(rs.getInt(1) + "");
>             vector.add(rs.getString(2));
>             vector.add(rs.getString(3));
>             vector.add(rs.getString(4));
>             vector.add(rs.getString(5));
>             vector.add(rs.getString(6));
>             defaultTableModel.addRow(vector);  //数组的结果放入表格
>         }
> ```
>
> 其完成了什么功能?

【拓展任务】

仿照任务 13 任务实施中的代码实现卧室、卫生间、客厅传感器历史信息的查询和显示。

任务 14* 客厅传感器信息查询及传感器历史信息的同窗口显示

【任务目标】

（1）掌握分割面板的编程方法。

（2）能够完成利用分割面板将客厅传感器信息查询及传感器历史信息同窗口显示的设计。

【任务描述】

利用分割面板将客厅传感器信息查询及传感器历史信息同窗口显示，如图 4-25 所示。

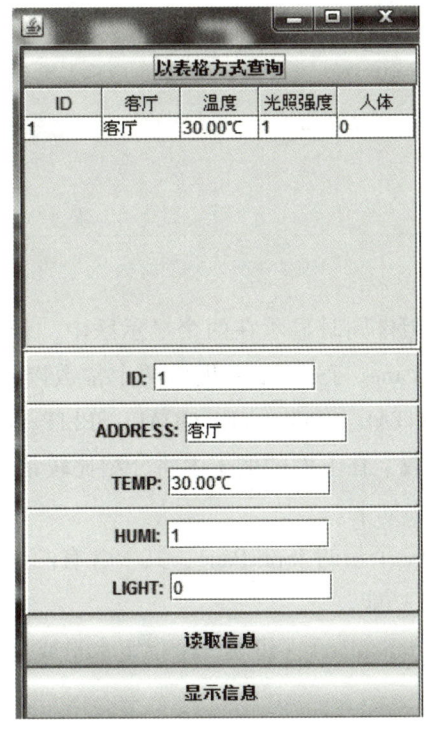

图 4-25 利用分割面板显示客厅传感器信息查询及传感器历史信息

【实施条件】

（1）Proteus 8.9 软件一套、智能家居系统的电路图一套。

（2）IDEA 家用版或者企业版（Java 程序开发的集成环境）。

（3）64 位的 Java 运行环境 JDK。

分割面版

4.14.1 相关知识点解读

分割面板控件（Split Pane）用于分割两个（只能两个）组件，两个组件通过水平/垂直分割条分别左右或上下显示，并且可以拖动分割条调整两个组件显示区域的大小，如图 4 - 26 所示。

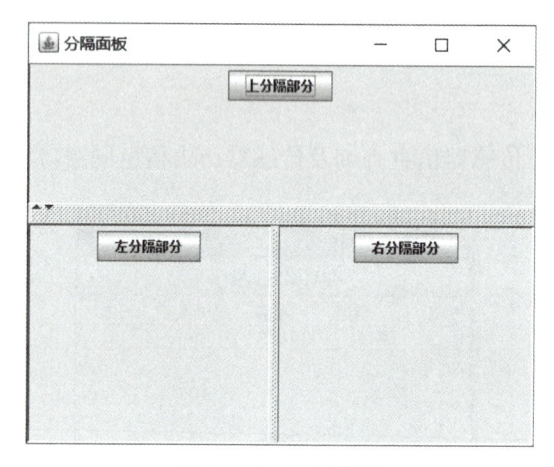

图 4 - 26 分割面板

Split Pane 一次可将两个组件同时显示在两个显示区中，若想同时在多个显示区显示组件，必须同时使用多个 Split Pane。JSplitPane 提供两个常数以便设置水平分割或垂直分割。这两个常数分别是 HORIZONTAL_SPIT、VERTICAL_SPLIT。除了这两个重要的常数外，JSplitPane 还提供了许多类常数，在下面的例子中将介绍比较常用的类常数。

JsplitPane 常用的构造方法如下。

（1）JSplitPane()：建立一个新的 JSplitPane，其中含有两个默认按钮，并以水平方向排列，但没有 Continuous Layout 功能。

（2）JSplitPane(int newOrientation)：建立一个指定水平或垂直方向切割的 JSplitPane，但没有 Continuous Layout 功能。

（3）JSplitPnae(int newOrientation,boolean newContinuousLayout)：建立一个指定水平或垂直方向切割的 JSplitPane，且指定是否具有 Continuous Layout 功能。

（4）JSplitPane(int newOrientation,boolean newContinuousLayout,Component newLeftComponent,Component newRightComponent)：建立一个指定水平或垂直方向切割的 JSplitPane，且指定显示区所要显示的组件，并设置是否具有 Continuous Layout 功能。

（5）JSplitPane(int newOrientation,COmponent newLeftComponent,COmponent newRightComponent)：建立一个指定水平或垂直方向切割的 JSplitPane，且指定显示区所要显示的组件，

但没有 Continuous Layout 功能。

上面所说的 Continuous Layout 是指当拖曳切割面板的分割线时，窗口内的组件是否会随着分割线的拖曳而动态改变大小。newContinuousLayout 是一个 boolean 值，若设为 true，则组件大小会随着分割线的拖曳而一起改动；若设为 false，则组件大小在分割线停止改变时才确定。也可以使用 JSplitPane 中的 setContinuousLayout( )方法设置此项目。

【例 4 - 15】 分割面板。

```
类 JSplitPane1：
import java.awt.*;
import java.awt.event.*;
import javax.swing.*;

public class Main {
    public Main() {
        JFrame f = new JFrame("JSplitPaneDemo");
        Container contentPane = f.getContentPane();
        JLabel label1 = new JLabel("Label 1", JLabel.CENTER);
        label1.setBackground(Color.green);
        label1.setOpaque(true);
//setOpaque(ture)方法的目的是让组件变成不透明,这样 JLabel 上的颜色才能显示出来
        JLabel label2 = new JLabel("Label 2", JLabel.CENTER);
        label2.setBackground(Color.pink);
        label2.setOpaque(true);
//添加标签到 splitPane1,并设置 splitPane1 为水平分割且具有 Continuous Layout 的功能
        JSplitPane splitPane1 = new JSplitPane(JSplitPane.HORIZONTAL_SPLIT,
                false, label1, label2);
        /*设置 splitPane1 的分割线位置,0.3 是相对于 splitPane1 的大小而定,因此这个值的
范围为 0.0~1.0。若使用整数值来设置 splitPane 的分割线位置,则所定义的值以 pixel 为计算单位*/
        splitPane1.setDividerLocation(0.7);
//设置 JSplitPane 是否可以展开或收起(如同文件总管一般),设为 true 表示打开此功能
        splitPane1.setOneTouchExpandable(true);
        splitPane1.setDividerSize(10);//设置分割线宽度的大小,以 pixel 为计算单位
        contentPane.add(splitPane1);
        f.setSize(250, 200);
        f.show();
        f.addWindowListener(new WindowAdapter() {
            public void windowClosing(WindowEvent e) {
                System.exit(0);
            }
        });
    }
    public static void main(String[] args) {
        new Main();
    }
}
```

分割面板程序运行结果如图 4 - 27 所示。

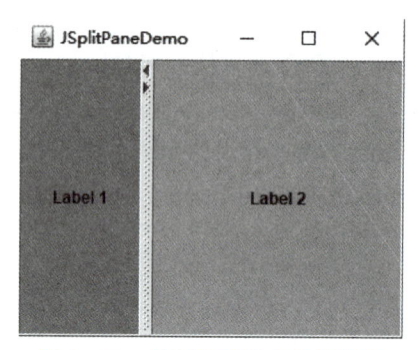

图 4-27 分割面板程序运行结果

4.14.2 任务实施

1. 将客厅传感器信息查询的类的父类修改为面板类

双击 KSensorWindow 类，将 extends 后面的 JFrame 修改为 JPanel，去掉构造方法中的代码：

```
    setTitle("卧室传感信息");
setVisible(true);
setSize(300,300);
```

2. 将客厅传感器历史信息显示的类的父类修改为面板类

双击 KSesnosrWindowForm 类，将 extends 后面的 JFrame 修改为 JPanel，去掉构造方法中的代码：

```
    setTitle("卧室传感信息");
setVisible(true);
setSize(300,300);
```

3. 用分割面板实现同窗口显示

右击 com.sxjdxy.window，新建类 KUiTabbedPane1，继承窗口类，具体如下：

```
package com.sxjdxy.window;
import javax.swing.*;
public class WCUiTabbedPanel extends JFrame{
     public WCUiTabbedPanel(){
          JSplitPane splitPane = new JSplitPane(JSplitPane.VERTICAL_SPLIT,false,
new WCSensorWindow(),new WCSensorWindowForm());
          splitPane.setDividerLocation(0.7);
          splitPane.setOneTouchExpandable(false);
          splitPane.setDividerSize(2);
          add(splitPane);
          setSize(600,500);
          show();
     }
}
```

修改主类的主方法，输入"new WCUiTabbedPanel( );"，程序运行结果如图 4 – 27 所示。

> **想一想**
>
> 仔细阅读任务 14 任务实施中的代码，思考每一句的含义是什么。

【拓展任务】

仿照任务 14 任务实施中的代码，利用分割面板将卧室、卫生间、厨房传感器信息的查询以及传感器历史信息放在同一个窗口中。

任务 15　客厅温度传感器历史曲线的显示

【任务目标】

（1）掌握绘图的编程方法。
（2）能够利用绘图和线程将客厅传感器历史信息用曲线绘制到窗口中。

【任务描述】

利用绘图和线程将客厅温度传感器历史信息用曲线绘制到窗口中，如图 4 – 28 所示。

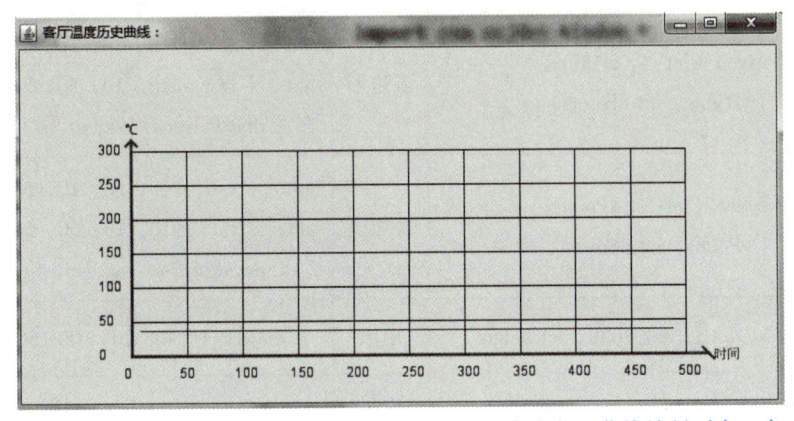

图 4 – 28　利用绘图和线程将客厅温度传感器历史信息用曲线绘制到窗口中

【实施条件】

（1）Proteus 8.9 软件一套、智能家居系统的电路图一套。
（2）IDEA 家用版或者企业版（Java 程序开发的集成环境）。
（3）64 位的 Java 运行环境 JDK。

绘图

4.15.1 相关知识点解读

绘图

Java 偏向于图形化界面编程,图形处理是其强项。

Graphics 类是所有图形上下文的抽象基类,它允许应用程序在组件以及闭屏图像上进行绘制。Graphics 类封装了 Java 支持的基本绘图操作所需的状态信息,主要包括颜色、字体、画笔、文本、图像等。

Graphics 类提供了绘图常用的方法,利用这些方法可以实现直线、矩形、多边形、椭圆、圆弧等形状和文本,图片的绘制操作。另外,在执行这些操作之前,还可以使用相应的方法,设置绘图的颜色、字体等状态属性。绘图的常用成员方法的使用说明见表 4-8。

表 4-8 绘图的常用成员方法的使用说明

方法	说明	举例	绘图效果
drawArc(int x, int y, int width, int height, int startAngle, int arcAngle)	弧形	g.drawArc(100, 100, 100, 50, 270, 200);	
drawLine(int x1, int y1, int x2, int y2)	直线	g.drawLine(10, 10, 50, 10); g.drawLine(30, 10, 30, 40);	
drawOval(int x, int y, int width, int height)	椭圆	g.drawOval(10, 10, 50, 30);	
drawPolygon(int[] xPoints, int[] yPoints, int nPoints)	多边形	int[] xs = {10, 50, 10, 50}; int[] ys = {10, 10, 50, 50}; g.drawPolygon(xs, ys, 4);	
drawPolyline(int[] xPoints, int[] yPoints, int nPoints)	多边线	int[] xs = {10, 50, 10, 50}; int[] ys = {10, 10, 50, 50}; g.drawPolyline(xs, ys, 4);	
drawRect(int x, int y, int width, int height)	矩形	g.drawRect(10, 10, 100, 50);	
drawRoundRect(int x, int y, int width, int height, int arcWidth, int arcHeight)	圆角矩形	g.drawRoundRect(10, 10, 50, 30, 10, 10);	
fillArc(int x, int y, int width, int height, int startAngle, int arcAngle)	实心弧形	g.fillArc(100, 100, 50, 30, 270, 200);	
fillOval(int x, int y, int width, int height)	实心椭圆	g.fillOval(10, 10, 50, 30);	
fillPolygon(int[] xPoints, int[] yPoints, int nPoints)	实心多边形	int[] xs = {10, 50, 10, 50}; int[] ys = {10, 10, 50, 50}; g.fillPolygon(xs, ys, 4);	

续表

方法	说明	举例	绘图效果
fillRect（int x, int y, int width, int height）	实心矩形	g. fillRect（10, 10, 100, 50）;	
fillRoundRect（int x, int y, int width, int height, int arcWidth, int arcHeight）	实心圆角矩形	g. fillRoundRect（10, 10, 50, 30, 10, 10）;	

【例4-17】绘图。

```
import javax.swing.*;
import java.awt.*;
public class Main extends JFrame{
    public static void main(String[] args){
        new Main();
    }
    public Main(){
        setTitle("绘图");
        setLayout(new FlowLayout());
        setSize(300,300);
        setVisible(true);
    }
    @Override
    public void paint(Graphics g){
        super.paint(g);
        g.drawRect(50,50,100,50);
        int[] xs = {10,50,30};
        int[] ys = {80,80,110};
        g.drawPolygon(xs,ys,3);
        g.drawOval(130,50,80,80);
        g.drawOval(60,80,80,50);
    }
}
```

绘图程序运行结果如图4-29所示。

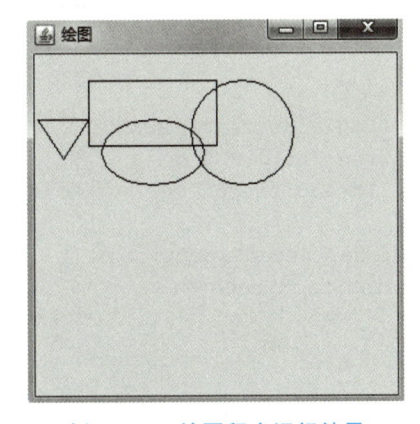

例4-29　绘图程序运行结果

4.15.2 任务实施

1. 创建温度绘图类

右击 com.sxjdxy.window，新建类 KSensorWindowLine，继承窗口类和线程接口，具体如下：

```java
package com.sxjdxy.window;
import java.awt.*;
import java.sql.Connection;
import java.sql.DriverManager;
import java.sql.ResultSet;
import java.sql.Statement;
import java.util.ArrayList;
import java.util.Collections;
import java.util.List;
import javax.swing.JFrame;
import javax.swing.JPanel;
public class KSensorWindowLine extends JFrame {
    private List<Integer> values;//定义集合用于温度历史数据的存储
    private static final int MAX_COUNT_OF_VALUES = 50;//最多保存数据的个数
    private MyCanvas trendChartCanvas = new MyCanvas();//新建画布对象
    private final int FREAME_X = 50;//框架起点横坐标
    private final int FREAME_Y = 50;//框架起点纵坐标
    private final int FREAME_WIDTH = 600;//框架宽度
    private final int FREAME_HEIGHT = 250;//框架高度
    private final int Origin_X = FREAME_X + 50;//原点横坐标
    private final int Origin_Y = FREAME_Y + FREAME_HEIGHT - 30;//原点纵坐标
    private final int XAxis_X = FREAME_X + FREAME_WIDTH - 30;//X 轴末端横坐标
    private final int XAxis_Y = Origin_Y;//x 轴末端纵坐标
    private final int YAxis_X = Origin_X;//Y 轴末端横坐标
    private final int YAxis_Y = FREAME_Y + 30;//Y 轴末端纵坐标
    private final int TIME_INTERVAL = 50;//X 轴上的时间分度值(1 分度 = 40 像素)
    private final int PRESS_INTERVAL = 30;//Y 轴上的间隔
    public KSensorWindowLine() {
        super("客厅温度历史曲线:");//设置窗口标题
        values = Collections.synchronizedList(new ArrayList<Integer>());//实例化温度集合,通过 synchronizedList 防止引起线程异常
        new Thread(new Runnable() {//创建一个随机数线程
            public void run() {//运行方法
                try {
                    while (true) {
                        addValue(temp("SELECT * FROM KSENSOR"));//增加温度数据
                        repaint();//重绘
                        Thread.sleep(100);//休眠 100ms
                    }
                } catch (InterruptedException b) {
                    b.printStackTrace();
                }
            }
```

```java
        }).start();//启动线程
        setDefaultCloseOperation(EXIT_ON_CLOSE);//关闭窗口时退出
        setBounds(100,100,700,350);//自定义组件大小和位置
        add(trendChartCanvas, BorderLayout.CENTER);//画布放入窗口中央位置
        setVisible(true);//设置窗口可见
}
    int temp(String sql)//温度方法
    {
        int temp = 0;//温度初始值
        int i = 0;//定义数据记录指针
        Connection c = null;//申明连接
        Statement stmt = null;//申明语句
        try {
            Class.forName("org.sqlite.JDBC");//加载 JDBC 驱动
            c = DriverManager.getConnection("jdbc:sqlite:SENSOR.db");//获取连接
            c.setAutoCommit(false);//设置不允许自动提交
            stmt = c.createStatement();//创建数据库操作对象
            ResultSet rs = stmt.executeQuery(sql);//执行查询
            while ( rs.next() ) {//遍历
                temp = rs.getInt(3) +210;//获取温度
                i ++;//指向下一条记录
            }
            rs.close();//关闭结果集
            stmt.close();//关闭数据库操作
            c.close();//关闭连接
        } catch ( Exception e ) {
            System.err.println( e.getClass().getName() + ": " + e.getMessage() );//
            System.exit(0);}//
        return temp;//
    }
    public void addValue(int value) {//增加值的方法
        if (values.size() > MAX_COUNT_OF_VALUES) { //如果不在循环使用一个接收数据的空间

            values.remove(0);//移除温度
        }
        values.add(value);//增加温度
    }

//画布重绘图
class MyCanvas extends JPanel {//定义画布类
    public void paintComponent(Graphics g) {//
        Graphics2D g2D = (Graphics2D) g;//转化为二维图形类
        Color c = new Color(200,17,31);//定义颜色
        g.setColor(c);//设置颜色
        super.paintComponent(g);//调用父类的绘制组件
        g2D.setRenderingHint(RenderingHints.KEY_ANTIALIASING,
RenderingHints.VALUE_ANTIALIAS_ON);//设置渲染方式
        int w = XAxis_X;//起始点
        int xDelta = w /MAX_COUNT_OF_VALUES;//定义 X 轴增量
```

```java
            int length1 = values.size() - 10;//定义温度集合的个数
            for (int i = 0; i < length1 - 1; ++i) {//
                g2D.drawLine(xDelta * (MAX_COUNT_OF_VALUES - length1 + i), values.get(i),
                        xDelta * (MAX_COUNT_OF_VALUES - length1 + i + 1), values.get(i + 1));
            }//画温度线段
            g2D.setStroke(new BasicStroke(Float.parseFloat("2.0F")));//轴线粗度
            g.drawLine(Origin_X, Origin_Y, XAxis_X, XAxis_Y);//X轴线的轴线
            g.drawLine(XAxis_X, XAxis_Y, XAxis_X - 5, XAxis_Y - 5);//上边箭头
            g.drawLine(XAxis_X, XAxis_Y, XAxis_X + 5, XAxis_Y + 5);//下边箭头
            g.drawLine(Origin_X, Origin_Y, YAxis_X, YAxis_Y);//y轴线的轴线
            g.drawLine(YAxis_X, YAxis_Y, YAxis_X - 5, YAxis_Y + 5);//左边箭头
            g.drawLine(YAxis_X, YAxis_Y, YAxis_X + 5, YAxis_Y + 5);//右边箭头
            //画X轴上的时间刻度[从坐标轴原点起,每隔TIME_INTERVAL(时间分度)像素画一时间点,到X轴终点止]
            g.setColor(Color.BLUE);//
            g2D.setStroke(new BasicStroke(Float.parseFloat("1.0f")));//
            //X轴时间刻度依次变化情况
            for (int i = Origin_X, j = 0; i < XAxis_X; i += TIME_INTERVAL, j += TIME_INTERVAL) {
                g.drawString(" " + j, i - 10, Origin_Y + 20);//
            }
            g.drawString("时间", XAxis_X + 5, XAxis_Y + 5);//

            //画Y轴上的温度刻度(从坐标原点起,每隔10像素画一温度值,到Y轴终点止)
            for (int i = Origin_Y, j = 0; i > YAxis_Y; i -= PRESS_INTERVAL, j += TIME_INTERVAL) {
                g.drawString(j + " ", Origin_X - 30, i + 3);//
            }
            g.drawString("℃", YAxis_X - 5, YAxis_Y - 5);//温度刻度小箭头值
            //画网格线
            g.setColor(Color.BLACK);
            //坐标内部横线
            for (int i = Origin_Y; i > YAxis_Y; i -= PRESS_INTERVAL) {
                g.drawLine(Origin_X, i, Origin_X + 10 * TIME_INTERVAL, i);
            }
            //坐标内部竖线
            for (int i = Origin_X; i < XAxis_X; i += TIME_INTERVAL) {
                g.drawLine(i, Origin_Y, i, Origin_Y - 6 * PRESS_INTERVAL);
            }
        }
    }
}
```

2. 修改主类

在主类的主方法中输入"new KSensorWindowLine();",运行程序,单击"读取信息"按钮,观察绘图窗口的曲线变化。

> 【想一想】
>
> 仔细阅读任务 15 任务实施中的代码，思考每一句的含义是什么，程序主要涉及什么知识。

【拓展任务】

仿照任务 15 任务实施中的代码，利用绘图和线程将卧室、卫生间、厨房温湿度传感器历史信息以曲线绘制到窗口的画布中。

任务 16　用菜单组合各房间传感器的所有功能

【任务目标】

(1) 掌握菜单的编程方法。
(2) 能够利用菜单组合各房间传感器的所有功能。

【任务描述】

利用菜单组合各房间传感器的所有功能，如图 4-30 所示。

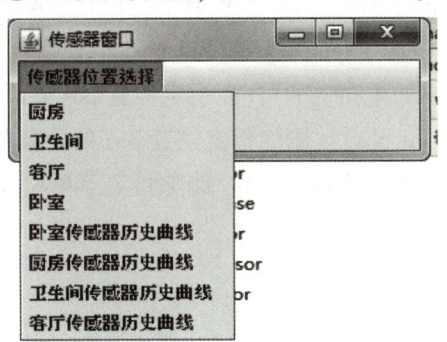

图 4-30　利用菜单组合各房间传感器的所有功能

【实施条件】

(1) Proteus 8.9 软件一套、智能家居系统的电路图一套。
(2) IDEA 家用版或者企业版（Java 程序开发的集成环境）。
(3) 64 位的 Java 运行环境 JDK。

4.16.1　相关知识点解读

菜单

菜单采用的是一种层次结构，最顶层是菜单栏（JMenuBar）；在菜单栏中可以添加若干个菜单（JMenu），每个菜单中又可以添加若干个菜单选项（JMenuItem）、分隔线（Separator）或菜单（称为子菜单）

创建菜单分 3 步。

菜单

1. 添加菜单栏

菜单栏的构造方法是 public JMenuBar(), 用于创建一个菜单栏。

通过菜单栏的构造方法创建菜单栏, 再将其加到容器中。

例如:

```
JMenuBar a = new JMenuBar();
JFrame f = new JFrame();
f.setJMenuBar(a);
```

2. 添加菜单

首先创建菜单, 然后将菜单添加到菜单栏中。

菜单的构造方法如下。

(1) public JMenu(): 创建一个没有文本的菜单。

(2) public JMenu(String string): 创建一个带有文本 string 的菜单。

菜单的成员方法如下。

(1) public JMenuItem add(String string): 添加一个菜单项(或者菜单)。

(2) public void addSeparator(): 创建一个分隔行到菜单中。

(3) public JMenuItem getItem(int pos): 获取指定位置 pos 处的菜单项。

(4) public JMenuItem insert(JMenuItem mi, int pos): 在指定位置 pos 处添加菜单项 mi。

(5) public void inert(String s, int pos): 在指定位置 pos 处添加文本为 s 的菜单项。

(6) public void remove(int pos): 删除指定位置 pos 处的菜单项。

(7) public void remove(JMenuItem item): 删除指定菜单项 item。

添加菜单的方法如下。

```
JMenu editmenu = new JMenu("编辑");
a.add (editmenu);
```

3. 创建一个菜单项, 然后用 add() 添加到菜单中

菜单项的构造方法如下。

(1) public JMenuItem(): 创建一个没有文本的菜单项。

(2) public JMenuItem(Icon icon): 创建一个图标为 icon 的菜单项。

(3) public JMenuItem(String text): 创建一个文本为 text 的菜单项。

(4) public JMenuItem(String text, Icon icon): 创建一个文本为 text、图标为 icon 的菜单项。

(5) public JMenuItem(String text, int mnemonic): 创建一个文本为 text、快捷键为 mnemonic 的菜单项。

菜单项的成员方法如下。

(1) public void setEnabled(boolean b): 设置菜单项是否可以启动。

(2) public void addActionListener(ActionListener l): 增加动作监听接口。

【例 4 – 18】 下拉菜单的使用。

```java
import java.awt.*;
import java.awt.event.*;
import javax.swing.*;
class Main extends JFrame
{
    JMenuBar menubar = new JMenuBar();
    JMenu filemenu = new JMenu("文件");
    JMenuItem newitem = new JMenuItem("新建",new ImageIcon("new.jpg"));
    JMenuItem openitem = new JMenuItem("打开",new ImageIcon("open.jpg"));
    JMenuItem exititem = new JMenuItem("退出");
    JLabel text = new JLabel();
    public Main()
    {
        try
        {
            jbInit();
        }
        catch(Exception Exception)
        {
            Exception.printStackTrace();
        }
    }
    private void jbInit() throws Exception
    {
        setLayout(new BorderLayout());
        setJMenuBar(menubar);
        add(menubar,"North");
        menubar.add(filemenu);
        filemenu.add(newitem);
        filemenu.add(openitem);
        filemenu.add(exititem);
        newitem.addActionListener(new action());
        openitem.addActionListener(new action());
        exititem.addActionListener(new action());
        getContentPane().add(text,"Center");
    }
    public static void main(String args[])
    {
        Main tt = new Main();
        tt.setTitle("菜单的使用");
        tt.setSize(200,200);
        tt.setVisible(true);
        tt.setDefaultCloseOperation(JFrame.EXIT_ON_CLOSE);
    }
    class action implements ActionListener
    {
        public void actionPerformed(ActionEvent e)
        {
```

```
            if(e.getSource() == newitem)
            {
                text.setText("读者单击了新建");
            }
            else if(e.getSource() == openitem)
            {
                text.setText("读者单击了打开");
            }
            else if(e.getSource() == exititem)
            {
                System.exit(0);
            }
        }
    }
}
```

菜单程序运行结果如图 4-31 所示。

图 4-31 菜单程序运行结果
(a) 运行初始状态；(b) 选择"新建"选项后；(c) 选择"打开"选项后

4.16.2 任务实施

右击 com.sxjdxy.window，新建类 SensorWindow，继承窗口类，具体如下：

```
package com.sxjdxy.window;
import javax.swing.*;
import java.awt.*;
import java.awt.event.ActionEvent;

public class SensorWindow extends JFrame{
    JMenuBar jMenuBar = new JMenuBar();JMenu jMenu = new JMenu("传感器位置选择");
    JMenuItem item1 = new JMenuItem("厨房");JMenuItem item2 = new JMenuItem("卫生间");
    JMenuItem item3 = new JMenuItem("客厅");JMenuItem item4 = new JMenuItem("卧室");
    JMenuItem item5 = new JMenuItem("卧室传感器历史曲线");JMenuItem item6 = new JMenuItem("厨房传感器历史曲线");
    JMenuItem item7 = new JMenuItem("卫生间传感器历史曲线");JMenuItem item8 = new JMenuItem("客厅传感器历史曲线");
    public SensorWindow(){
```

```java
setTitle("传感器窗口");
setSize(300,100);
setVisible(true);
setLayout(new FlowLayout());
setJMenuBar(jMenuBar);
jMenuBar.add(jMenu);
jMenu.add(item1);jMenu.add(item2);jMenu.add(item3);jMenu.add(item4);
jMenu.add(item5);jMenu.add(item6);jMenu.add(item7);jMenu.add(item8);
item1.addActionListener(new AbstractAction() {
    @Override
    public void actionPerformed(ActionEvent e) {
        new CUiTabbedPanel();
    }
});
item2.addActionListener(new AbstractAction() {
    @Override
    public void actionPerformed(ActionEvent e) {
        new WCUiTabbedPanel();
    }
});
item3.addActionListener(new AbstractAction() {
    @Override
    public void actionPerformed(ActionEvent e) {
        new KUiTabbedPanel();
    }
});
item4.addActionListener(new AbstractAction() {
    @Override
    public void actionPerformed(ActionEvent e) {
        new WUiTabbedPanel();
    }
});
item5.addActionListener(new AbstractAction() {
    @Override
    public void actionPerformed(ActionEvent e) {
        new WSensorWindowLine();
    }
});
item6.addActionListener(new AbstractAction() {
    @Override
    public void actionPerformed(ActionEvent e) {
        new CSensorWindowLine();
    }
});
item7.addActionListener(new AbstractAction() {
    @Override
    public void actionPerformed(ActionEvent e) {
        new WCSensorWindowLine();
    }
});
```

```
            item8.addActionListener(new AbstractAction() {
                @Override
                public void actionPerformed(ActionEvent e) {
                    new CSensorWindowLine();
                }
            });
        }
    }
```

修改主类的主方法,输入 "new SensorWindow();",程序运行结果如图 4 – 32 所示。

> **想一想**
>
> 仔细阅读任务 16 任务实施的代码,思考每一句的含义是什么,主要涉及什么知识。

【拓展任务】

仿照任务 16 任务实施中的代码,实现各房间风扇的功能用菜单。

任务 17* 用工具栏将各房间灯/风扇/传感器组合

【任务目标】

(1) 掌握工具栏的编程方法。
(2) 能够利用工具栏将各房间灯/风扇/传感器组合在一起。

【任务描述】

利用工具栏将各房间灯/风扇/传感器组合在一起,如图 4 – 32 所示。

图 4 – 32 利用工具栏将各房间灯/风扇/传感器组合

【实施条件】

(1) Proteus 8.9 软件一套、智能家居系统的电路图一套。
(2) IDEA 家用版或者企业版(Java 程序开发的集成环境)。
(3) 64 位的 Java 运行环境 JDK。

工具栏

4.17.1 相关知识点解读

工具栏

工具栏在平时使用软件时经常用到，工具栏可简化某些操作，从而节省操作时间。Java 中工具栏控件（JToolBar）也是常用的 GUI 组件。

1. JToolBar 常用的构造方法

（1）JToolBar( )：建立一个新的 JToolBar，位置为默认的水平方向。

（2）JToolBar(int orientation)：建立一个指定位置的 JToolBar。

（3）JToolBar(String name)：建立一个指定名称的 JToolBar。

（4）JToolBar(String name, int orientation)：建立一个指定名称和位置的 JToolBar。

2. JToolBar 常用的成员方法

（1）JButton add(Action a)：向工具栏中添加一个指定动作的新的 Button。

（2）void addSeparator( )：将默认大小的分隔符添加到工具栏的末尾。

（3）Component getComponentAtIndex(int i)：返回指定索引位置的组件。

（4）int getComponentIndex(Component c)：返回指定组件的索引。

（5）int getOrientation( )：返回工具栏的当前方向。

（6）boolean isFloatable( )：获取 Floatable 属性，以确定工具栏是否能拖动，如果可以则返回 true，否则返回 false。

（7）boolean isRollover( )：获取 rollover 状态，以确定当鼠标经过工具栏按钮时，是否绘制按钮的边框，如果需要绘制则返回 true，否则返回 false。

（8）void setFloatable(boolean b)：设置 Floatable 属性，如果要移动工具栏，此属性必须设置为 true。

【例 4 - 19】工具栏。

```
import javax.swing.*;
import java.awt.*;
import java.awt.event.ActionListener;
public class Main extends JFrame {
    public Main() {
        setTitle("选项卡面板");
        setBounds(50,50,300,200);
        setDefaultCloseOperation(JFrame.EXIT_ON_CLOSE);
        setVisible(true);
        JToolBar toolBar = new JToolBar("工具栏");//创建工具栏对象
        JButton newButton = new JButton("新建");//创建按钮对象
        JButton saveButton = new JButton("保存");//创建按钮对象
        toolBar.add(saveButton);//添加到工具栏中
        add(toolBar, BorderLayout.NORTH);
        toolBar.add(newButton);//添加到工具栏中
        newButton.addActionListener(new ButtonListener());//添加动作事件监听器
```

```
            saveButton.addActionListener(new ButtonListener());//添加动作事件监听器
        }
        class ButtonListener implements ActionListener{
            public void actionPerformed(java.awt.event.ActionEvent e){
                JButton button = (JButton) e.getSource();
                JOptionPane.showMessageDialog(null,"您单击的是:"+button.get
Text(),"提示",JOptionPane.INFORMATION_MESSAGE);
            }
        }
        public static void main(String args[])
        {
            new Main();
        }

}
```

工具栏程序运行结果如图 4 – 33 所示。

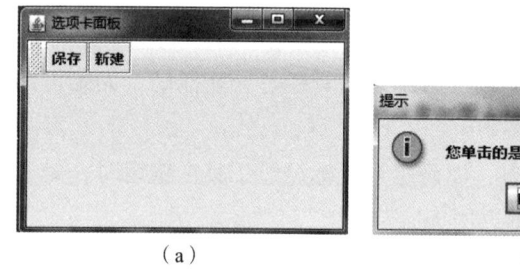

图 4 – 33 工具栏程序运行结果

(a) 运行初始状态;(b) 单击"保存"按钮后;(c) 单击"新建"按钮后

4.17.2 任务实施

右击 com. sxjdxy. window,新建类 HomeWindow,继承窗口类,具体如下:

```
package com.sxjdxy.window;
import javax.swing.*;
import java.awt.*;
import java.awt.event.ActionEvent;
public class HomeWindow extends JFrame{
    public HomeWindow(){
        setTitle("智能家居");
        setSize(300,100);
        setVisible(true);
        setLayout(new FlowLayout());
        JToolBar jToolBar = new JToolBar("设备");
        JButton led = new JButton("灯");
        JButton fan = new JButton("风扇");
```

```java
        JButton sensor = new JButton("传感器");
        jToolBar.add(led);jToolBar.add(fan);jToolBar.add(sensor);
        add(jToolBar);
        led.addActionListener(new AbstractAction() {
            @Override
            public void actionPerformed(ActionEvent e) {
                new LEDWindow();
            }
        });
        fan.addActionListener(new AbstractAction() {
            @Override
            public void actionPerformed(ActionEvent e) {
                new FanWindow();
            }
        });
        sensor.addActionListener(new AbstractAction() {
            @Override
            public void actionPerformed(ActionEvent e) {
                new SensorWindow();
            }
        });
    }
}
```

在主类的主方法中输入"new HomeWindow();",运行主类,即可得到图 4-34 所示的效果。

> **想一想**
>
> 仔细阅读任务 17 任务实施中的代码,思考每一句的含义是什么,主要涉及什么知识。

【拓展任务】

仿照任务 17 任务实施中的代码,将各房间灯的功能用工具栏实现。

任务 18 网络服务器端的设计

【任务目标】

(1) 掌握网络服务器端套接字的编程方法。
(2) 能够利用套接字设计网络服务端。

【任务描述】

利用套接字设计网络服务器端,如图 4-34 所示。

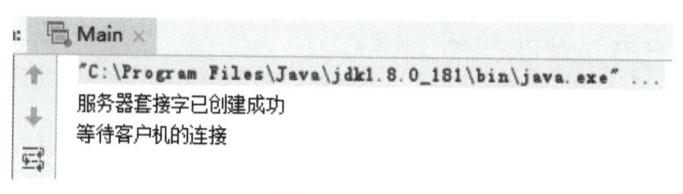

图 4-34 利用套接字设计网络服务器端

【实施条件】

（1）Proteus 8.9 软件一套、智能家居系统的电路图一套。
（2）IDEA 家用版或者企业版（Java 程序开发的集成环境）。
（3）64 位的 Java 运行环境 JDK。

4.18.1 相关知识点解读

套接字

1. Socket 通信

Socket 是网络上的两个程序通过一个双向的通信连接实现数据交换的通道，或者说网络上的两个程序通过一个双向的通信连接实现数据交换的链路，这个双向链路的一端称为 Socket。可以说 Socket 是面向客户/服务器模型设计的。Socket 通信机制提供了两种通信方式——有连接（TCP）和无连接（UDP）方式，分别面向不同的应用需求。

TCP 是以连接为基础的流式协议，通信前，首先要建立连接，然后才能通信。因此，TCP 能保证同步、准确地进行通信。如果应用程序需要可靠的点对点通信，一般采用 TCP，比如 HTTP、FTP、TELNET 等应用程序，确保其可靠性对于程序运行是非常关键的。

UDP 是一种无连接的协议，其系统开销比无连接方式小，但通信链路提供了不可靠的数据报服务，每个数据报都是一个独立的信息，不能保证信源所传输的数据一定能够到达信宿。在该方式下，通信双方不必创建一个连接过程和建立一条通信链路，网络通信操作在不同的主机和进程之间转发进行。

数据通过网络到达一台主机（准确地说是主机的网卡）是通过 IP 地址实现的。当该主机运行多个程序时如何识别数据属于哪个程序呢？这就需要借助端口。一个端口只能绑定一个应用程序。通过 TCP/UDP 通信的应用程序必须知道对方的 IP 地址和端口号才能通信。端口号可取 0~65 535，其中，0~1 023 为保留端口，供众所周知的服务使用。

2. Socket 通信的一般过程

使用 Socket 进行客户/服务器通信程序设计的一般过程如下。
（1）服务器端 listen（监听）某个端口是否有 Connect（连接）请求。
（2）客户端向服务器端发出 Connect（连接）请求。
（3）客户端向服务器端发回 Accept（接受）消息。
一个连接建立好了之后，客户端、服务器端都可以用 send()、write() 等方法与对方通信。

一个功能齐全的 Socket 的工作过程包含以下 4 个基本步骤。

（1）创建 Socket。

（2）打开连接到 Socket 的输入/输出流。

（3）按照一定的协议对 Socket 进行读/写操作。

（4）关闭 Socket。

1）创建 Socket

创建客户端 Socket 可以使用 Socket 的构造方法，具体如下：

（1）public Socket（String host，int port）：用该方法创建一个主机及其端口套接字对象，并建立连接。

（2）public Socket（InetAddress address，int port）：用该方法与指定远程主机及其端口套接字对象建立连接。

（3）public Socket（String host，Int port，boolean stream）：stream 指明 Socket 是流式 Socket 还是数据报式 Socket，并创建一个主机及其端口并建立连接。

（4）public socket（InetAddress address，Int port，boolean stream）：stream 指明 Socket 是流式 Socket 还是数据报式 Socket，并与指定远程主机及其端口的套接字对象并建立连接。

Serversocket 的构造方法如下。

（1）public Serversocket（int port）：用指定端口号创建 Serversocket 对象，该端口为远程主机的端口。

（2）public Serversocket（int port，int count）：用指定的端口号创建 Serversocket 对象，如果该端口正在使用，只等待 count 毫秒。

2）打开输入/输出流

（1）public Inputstream getInputstream（）：得到 Socket 建立的输入流。

（2）pubic Outputstream getoutputstream（）：得到 Socket 建立的输出流。

Socket 对象的其他成员方法如下。

（1）public void close（）：关闭套接字。

（2）public InetAddress getlnetAddress（）：得到远程主机 IP 地址的 InetAddress 对象。

（3）public int getLocalPort（）：得到与远程机连接的本地机的端口号。

3）Serversocket 对象的其他方法

（1）public Socket accept（）：获取与客户端连接的 Socket 对象，accept（）为一个阻塞性方法，即该方法被调用后将等待客户端的请求，直到有一个客户端启动并请求连接到相同的端口，然后 accept（）方法返回一个对应于客户端的 Socket。

（2）public void close（）。

（3）public InetAddrss getInetAddress（）：得到与客户端相连的 InetAddress 对象。

（4）public int getLocalPort（）：得到服务器端正在监听的端口号。

客户端的编程流程如下。

（1）打开 Socket，新建一个套接字。

（2）为套接字建立一个输入/输出流。

(3) 根据服务器协议从套接字读入或向套接字写入。

(4) 清除套接字和输入/输出流。

服务器端的编程流程如下。

(1) 打开 Server Socket,创建一个服务器型套接字和一个普通套接字,服务器型套接字在指定端口为客户端请求的 Socket 服务。

(2) 使用 ServerSocket 类的 accept() 方法使服务器型套接字处于监听状态并把监听结果返回给普通套接字。

(3) 为该普通套接字创建输入/输出流。

(4) 从输入/输出流中读入或写入字节流,进行相应的处理,并将结果返回给客户端。

(5) 在客户端和服务器端工作结束后关闭所有的对象,如服务器型的套接字、普通套接字、输入/输出流。

【例 4-20】建立服务器端和客户端的套接字,从而建立双方的通信。

```java
import java.io.DataInputStream;
import java.io.DataOutputStream;
import java.io.IOException;
import java.net.ServerSocket;
import java.net.Socket;

public class MainServer
{
    public static void main(String args[])
    {
        ServerSocket socket1 = null;
        Socket firstserver = null;
        String a = null;
        DataInputStream input = null;
        DataOutputStream output = null;
        try
        {
            socket1 = new ServerSocket(1300);
            firstserver = socket1.accept();
            input = new DataInputStream(fitrstserver.getInputStream());
            output = new DataOutputStream(fitrstserver.getOutputStream());
            while(true)
            {
                a = input.readUTF();
                if(a! = null);
                break;
            }
            output.writeUTF("Server");
            fitrstserver.close();
        }
        catch(IOException e)
```

```
            }
                System.out.println(e.toString());
            }
        }
}
```

客户端：
```
import java.io.*;
import java.net.*;
public class MainClient
{
    public static void main(String args[])
    {
        Socket fitrstsocket;
        String a = null;
        DataInputStream input = null;
        DataOutputStream output = null;
        try
        {
            fitrstsocket = new Socket(InetAddress.getLocalHost(),1300);
            input = new DataInputStream(fitrstsocket.getInputStream());
            output = new DataOutputStream(fitrstsocket.getOutputStream());
            output.writeUTF("Client");
            while(true)
            {
                a = input.readUTF();
                if(a! = null);
                break;
            }
            fitrstsocket.close();
        }
        catch(IOException e)
        {
            System.out.println(e.toString());
        }
        System.out.println(a);
    }
}
```

运行程序时，首先运行服务器端代码，再运行客户端代码，运行结果为客户端显示"Server"。

4.18.2 任务实施

1. 新建服务器端套接字类 MyTcp

新建包 com.sxjdxy.tcp，右击包 com.sxjdxy.tcp，新建类 MyTcp，具体如下：

```
package com.sxjdxy.tcp;
import com.sxjdxy.control.*;
```

```java
import java.io.BufferedReader;
import java.io.InputStreamReader;
import java.net.ServerSocket;
import java.net.Socket;
import static java.lang.System.out;
public class MyTcp {
    private BufferedReader reader;
    private ServerSocket server;
    private Socket socket;

    public void getServer(){
        try {
            server = new ServerSocket(8998);          //实例化 Socket 对象
            out.println("服务器端套接字已创建成功");

            while(true) {
                out.println("等待客户端的连接");
                socket = server.accept();    //accept()方法会返回一个和客户端 Socket 对象相连的 Socket 对象
                reader = new BufferedReader(new InputStreamReader(socket.getInputStream()));
                getClientMessage();
            }
        }catch(Exception e) {
            e.printStackTrace();
        }
    }
    private void getClientMessage() {
        try {
            while(true) {
                //获得客户端信息
                int s = Integer.parseInt(reader.readLine());
                out.println("客户机:" + s);
                switch (s)
                {
                    case 0:new CLed().open();break;
                    case 1:new CLed().close();break;
                    case 2:new WCLed().open();break;
                    case 3:new WCLed().close();break;
                    case 4:new KLed().open();break;
                    case 5:new KLed().close();break;
                    case 6:new WLed().open();break;
                    case 7:new WLed().close();break;
                    case 8:new CFan().open();break;
                    case 9:new CFan().close();break;
                    case 10:new WCFan().open();break;
                    case 11:new WCFan().close();break;
                    case 12:new KFan().open();break;
                    case 13:new KFan().close();break;
```

```
                    case 14:new WFan().open();break;
                    case 15:new WFan().close();break;
                }
            }
        }catch(Exception e){
            e.printStackTrace();
        }
        try{
            if(reader!=null){
                reader.close();
            }
            if(socket!=null){
                socket.close();
            }
        }catch(Exception e){
            e.printStackTrace();
        }
    }
}
```

2. 修改主类 Main

将主类的主方法的内容修改为"new MyTcp().getServer();",运行主类,即可得到图 4-35 所示的结果。

> **想一想**
>
> 仔细阅读任务 18 任务实施中的代码,思考每一句的含义是什么,主要涉及什么知识。如果想和客户端通信,将客厅传感器数据传递到客户端应如何实现?

【拓展任务】

将客厅传感器数据传递给客户端。

任务 19　客户端的设计

【任务目标】

(1) 掌握客户端套接字的编程方法。
(2) 掌握流布局、边布局、空布局和网格布局的编程方法。
(3) 能够利用套接字设计客户端。

【任务描述】

利用套接字设计客户端程序,如图 4-35 所示。

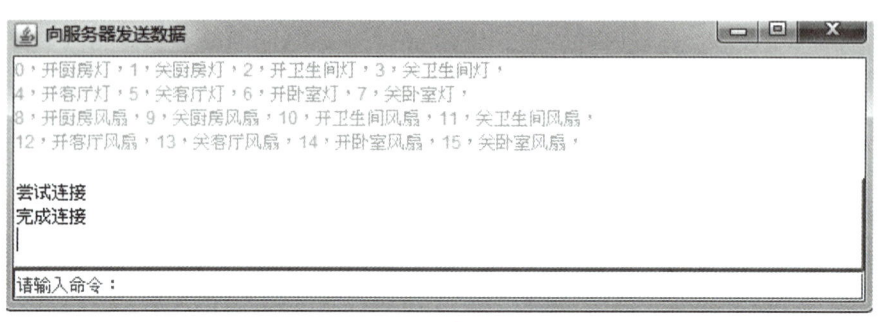

图 4-35　利用网络套接字设计客户端

【实施条件】

（1）Proteus 8.9 软件一套、智能家居系统的电路图一套。

（2）IDEA 家用版或者企业版（Java 程序开发的集成环境）。

（3）64 位的 Java 运行环境 JDK。

4.19.1　相关知识点解读

布局管理器的功能是确定容器的大小，确定容器内元素的大小、位置、间隔。布局决定了应用软件界面的美观性。

常用的布局管理器有流布局、边布局、网格布局、自定义布局，窗体的默认布局为流布局。事实上各种布局已经在前面的任务中大量体现，本任务重点介绍布局的知识，以加深读者对布局编程知识的理解。

1. 流布局（FlowLayout）

流布局是相对简单的一种布局管理器，也是最常用的布局管理器。在流布局中放置组件时，将按照组件的添加顺序，依次将组件从左到右进行摆放，并且在一行的最后进行自动换行放置。在一行中，组件是默认居中放置的。

流布局通过 FlowLayout 类创建，FlowLayout 类有 3 种构造方法。

（1）无参构造方法 FlowLayout()：使用无参构造方法能够创建一个默认的以居中对齐方式排列、组件间水平和垂直间距为 5 个像素的流布局。

（2）FlowLayout 类还具有一个需要整型参数的构造方法 FlowLayout（int align），使用该构造方法能够创建一个指定对齐方式的流布局，它的组件间水平和垂直间距仍然是默认的 5 个像素。流布局的对齐方式见表 4-9。在创建流布局时，可以给出这些常量，来定义该流布局的对齐方式。

表 4-9　流布局的对齐方式

对齐方式	说明
LEFT	组件左对齐
CENTER	组件居中，这也是默认值

续表

对齐方式	说明
RIGHT	组件右对齐
LEADING	组件与容器开始边对齐
TRAILING	组件与容器结束边对齐

（3）FlowLayout 类还有一个具有 3 个参数的构造方法 FlowLayout（int align，int hgap，int vgap），第一个参数表示流布局的对齐方式，第二个参数表示流布局中组件间的水平间距，第三个参数表示流布局中组件间的垂直间距。

2. 边布局（BorderLayout）

在使用边布局时，通常由程序员为组件指定其在容器中的位置。边布局将容器分为 5 个部分，包括东、南、西、北。在每一个部分中只能放置一个组件，因此如果组件超过 5 个将不能完全显示。在使用边布局时需要注意的是，当容器的大小发生变化时，四周的组件是不会发生变化的，只有中间的组件发生变化。

边布局通过 BorderLayout 类创建。

BorderLayout 类具有两个构造器，一个是无参构造器，另一个是指定组件间间距的构造器，通常使用无参构造器来创建边布局。

（1）BorderLayout()：构造一个新的边布局，各组件的间距为 0 像素。

（2）BorderLayout（int hgap，int vgap）：构造一个新的边布局，各组件的间距为水平 hgap 像素、垂直 vgap 像素。

将组件添加到容器中都是通过 add( ) 方法，将组件作为 add( ) 方法的参数实现的。但是，在向边布局容器中添加组件时，这样做是不全面的。在向边布局容器中添加组件时使用具有两个参数的 add( ) 方法。其中第一个参数表示要添加的组件，第二个参数表示要添加到边布局中的哪一个位置。边布局的位置表示是通过常量表示的，见表 4-10。

表 4-10　边布局的位置表示

位置	说明
NORTH	容器的北面
SOUTH	容器的南面
WEST	容器的西面
EAST	容器的东面
CENTER	容器的中央

【例 4-21】流布局。

```
package com.sxjdxy;
import java.awt.*;
```

```java
import javax.swing.*;
public class Main extends JFrame{
    Label xx = new Label("name");
    TextField name = new TextField(8);
    TextField xid = new TextField(8);
    Label xh = new Label("No.");
    Button submit = new Button("YES");
    Button cancel = new Button("NO");
    private JButton bt1,bt2,bt3,bt4,bt5;
    public Main(String title){
        super(title);
        FlowLayout bl = new FlowLayout();
        this.setLayout(bl);
        add(xx);
        add(name);
        add(xh);
        add(xid);
        add(submit);
        add(cancel);
        setSize(300,200);
        setDefaultCloseOperation(JFrame.EXIT_ON_CLOSE);
        setVisible(true);
    }
    public static void main(String args[]) {
        Main bf = new Main("流布局管理器");
    }
}
```

程序运行结果如图 4-36 所示。

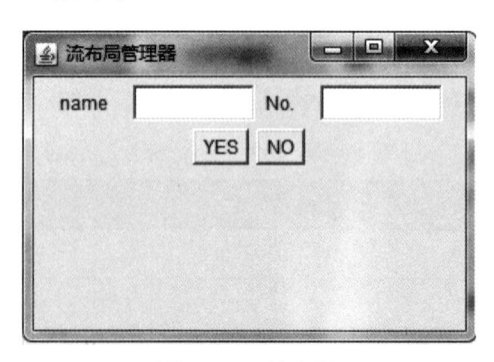

图 4-36　流布局

【例 4-22】边布局。

```java
package com.sxjdxy;

import java.awt.*;
import javax.swing.*;
public class Main extends JFrame{
```

```java
        private JButton bt1,bt2,bt3,bt4,bt5;
    Main(String title){
        super(title);
        BorderLayout bl = new BorderLayout();
        setLayout(bl);
        bt1 = new JButton("中间位置");
        bt2 = new JButton("南边位置");
        bt3 = new JButton("东边位置");
        bt4 = new JButton("西边位置");
        bt5 = new JButton("北边位置");

        add(bt1,BorderLayout.CENTER);
        add(bt2,BorderLayout.SOUTH);
        add(bt3,BorderLayout.EAST);
        add(bt4,BorderLayout.WEST);
        add(bt5,BorderLayout.NORTH);
        setSize(300,200);
        setDefaultCloseOperation(JFrame.EXIT_ON_CLOSE);
        setVisible(true);
    }
    public static void main (String args[] ) {
        Main bf = new Main ("边布局管理器");
    }
}
```

程序运行结果如图 4 – 37 所示。

图 4 – 37　边布局

3. 空布局（null）

Java 允许使用手工布局即空布局放置各个组件，这种方法比较灵活，但用户必须使用 setLocation( )、setSize( )、setBounds( ) 等方法为组件设置大小及其在容器中的位置，这使策略模式的优点被全部忽略，容器不能应付调整大小的事件，代码的可重用性也大大降低，还会导致程序的系统相关。具体方法如下。

微课 空布局与网格布局

（1）setLayout（null）；设置布局管理器为空布局。

（2）public void setBounds（int x，int y，int width，int height）：移动组件并调整其大小。由 x 和 y 指定左上角的新位置，由 width 和 height 指定新的大小。

4. 网格布局（GridLayout）

网络布局也是一种比较常见的布局管理器。使用网格布局后，会将所有的组件尽量按照给出的行数和列数来排列，同时网格布局也会对组件进行尺寸的调整，使所有组件具有相同的尺寸。在网格布局中，会尽量使使用的空间以矩形的形式显示。当窗体发生大小变化时，所有的空间也将自动改变大小来填充窗体。

网格布局是通过 GridLayout 类来创建的。

1）GridLayout 类的构造方法

GridLayout 类具有 3 个构造方法。

（1）GridLayout()：创建具有默认行和默认列的网格布局。

（2）GridLayout(int rows，int cols)：创建具有 rows 行和 cols 列的网格布局。

（3）GridLayout(int rows，int cols，int hgap，int vgap)：创建具有 rows 行和 cols 列、组件间水平间距为 hgap、组件间垂直间距为 vgap 的网格布局。

2）GridLayout 类的成员方法

GridLayout 类中还定义了一些方法来对创建的网格布局进行操作。

（1）getRows()：获取网格布局的行数。

（2）setRows(int n)：设置网格布局的行数。

（3）getColumns()：获取网格布局的列数。

（4）setColumns(int n)：设置网格布局的列数。

（5）getHgap()：获取网格布局中组件间水平间距。

（6）setHgap(int n)：设置网格布局中组件间水平间距。

（7）getVgap()：获取网络布局中组件间垂直间距。

（8）setVgap(int n)：设置网络布局中组件间垂直间距。

【例 4 – 23】空布局与网格布局。

```
package com.sxjdxy;
import javax.swing.*;
import java.awt.*;
import java.awt.event.ActionEvent;
import java.awt.event.ActionListener;
public class Main extends JFrame
{
```

```java
        JPanel p1 = new JPanel();
        JPanel p2 = new JPanel();
        JButton jia = new JButton("加+");
        JButton sub = new JButton("减-");
        JTextField one = new JTextField();
        JTextField two = new JTextField();
        JTextField result = new JTextField();
        JLabel l2 = new JLabel("操作数1:");
        JLabel l3 = new JLabel("操作数2:");
        JLabel l4 = new JLabel("结果:");
        public Main()
        {
            setLayout(new GridLayout(2,1));;
            setVisible(true);
            setSize(250,400);
            add(p1);add(p2);
            p1.setLayout(null);
            p2.setLayout(null);
            p2.add(jia);
            p2.add(sub);
            p1.add(one);
            p1.add(two);
            p1.add(result);
            p1.add(l2);
            p1.add(l3);
            p1.add(l4);
            l2.setBounds(20,60,80,30);
            l3.setBounds(20,100,80,30);
            l4.setBounds(20,140,80,30);
            jia.setBounds(20,20,180,30);
            sub.setBounds(20,60,180,30);
            one.setBounds(80,60,80,30);
            two.setBounds(80,100,80,30);
            result.setBounds(80,140,80,30);

            jia.addActionListener(new ActionListener() {
                @Override
                public void actionPerformed(ActionEvent e) {
result.setText(String.valueOf(Integer.parseInt(one.getText().toString())) + Integer.parseInt(two.getText().toString())));
                }
            });
            sub.addActionListener(new ActionListener() {
                @Override
                public void actionPerformed(ActionEvent e) {
result.setText(String.valueOf(Integer.parseInt(one.getText().toString())) - Integer.parseInt(two.getText().toString())));
                }
            });
```

```
        }
        public static void main(String[] args) {
            new Main();
        }
}
```

程序运行结果如图 4-38 所示。

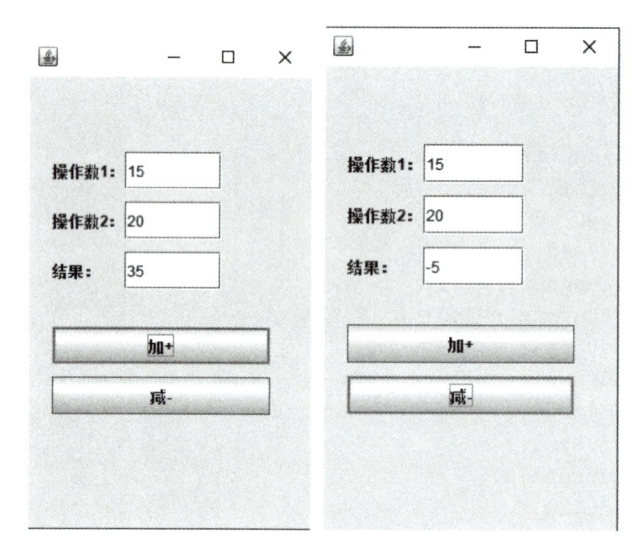

图 4-38 空布局与网格布局

4.19.2 任务实施

进行任务准备，右击包 com. sxjdxy. tcp，新建类 MyClint，具体如下：

```
package com.sxjdxy.tcp;
import java.awt.BorderLayout;
import java.awt.Color;
import java.awt.EventQueue;
import java.awt.event.ActionEvent;
import java.awt.event.ActionListener;
import java.awt.event.FocusEvent;
import java.awt.event.FocusListener;
import java.io.PrintWriter;
import java.net.Socket;

import javax.swing.*;
import javax.swing.border.BevelBorder;
public class MyClint extends JFrame{
    private PrintWriter writer;
    private JTextArea ti = new JTextArea(5,30);
    Socket socket;
    private JTextArea ta = new JTextArea();
```

项目 4 任务 19 操作视频

```java
        private JTextField tf = new JTextField();
    public MyClint(String title) {
        super(title);
        setDefaultCloseOperation(JFrame.EXIT_ON_CLOSE);
        final JScrollPane scrollPane = new JScrollPane();
        scrollPane.setBorder(new BevelBorder(BevelBorder.RAISED));
        getContentPane().add(scrollPane,BorderLayout.CENTER);
        scrollPane.setViewportView(ta);
        ti.setText("0,开厨房灯,1,关厨房灯,2,开卫生间灯,3,关卫生间灯," + "\n" +
                    "4,开客厅灯,5,关客厅灯,6,开卧室灯,7,关卧室灯," + "\n" +
                    "8,开厨房风扇,9,关厨房风扇,10,开卫生间风扇,11,关卫生间风扇," + "\n" +
                    "12,开客厅风扇,13,关客厅风扇,14,开卧室风扇,15,关卧室风扇," + "\n");
        add(tf,"South");add(ti,"North");ti.setEnabled(false);
        tf.addFocusListener(new JTextFieldListener(tf,"请输入命令:"));
        tf.addActionListener(new ActionListener() {
            public void actionPerformed(ActionEvent e) {
                if(tf.getText().isEmpty()) {
                    JOptionPane.showMessageDialog(MyClint.this, "请根据上面提示输入数字命令!");
                }else {
                    writer.println(tf.getText());

                    ta.append(tf.getText() + "\n");
                    ta.setSelectionEnd(ta.getText().length());
                    tf.setText("");
                }
            }
        });
    }

    class JTextFieldListener implements FocusListener{
        private String hintText;        //提示文字
        private JTextField textField;

        public JTextFieldListener(JTextField textField,String hintText) {
            this.textField = textField;
            this.hintText = hintText;
            textField.setText(hintText);    //默认直接显示
            textField.setForeground(Color.GRAY);
        }

        @Override
        public void focusGained(FocusEvent e) {

            //获取焦点时,清空提示内容
            String temp = textField.getText();
            if(temp.equals(hintText)){
                textField.setText("");
                textField.setForeground(Color.BLACK);
            }
```

```java
            }
            @Override
            public void focusLost(FocusEvent e) {

                //失去焦点时,没有输入内容,显示提示内容
                String temp = textField.getText();
                if(temp.equals("")) {
                    textField.setForeground(Color.GRAY);
                    textField.setText(hintText);
                }
            }
        }
    private void connect() {
        ta.append("尝试连接 \n");
        try {
            socket = new Socket("127.0.0.1",8998);
            writer = new PrintWriter(socket.getOutputStream(),true);

            ta.append("完成连接 \n");

        }catch(Exception e) {
            e.printStackTrace();
        }
    }
    public static void main(String args[]) {
        EventQueue.invokeLater(new Runnable(){
            public void run() {
                MyClint client = new MyClint("向服务器发送数据");
                client.setSize(600,200);
                client.setVisible(true);
                client.connect();
            }
        });
    }
}
```

程序运行结果如图 4-35 所示。

想一想

仔细阅读任务 19 任务实施中的代码,思考每一句的含义是什么,主要涉及什么知识。

如果想和服务器端通信,向服务器端发送命令,让服务器端执行读取客厅传感器数据的操作,并将数据传递给客户端,应如何实现?

【拓展任务】

编程实现客户端下达读取客厅传感器数据的命令,并将结果显示到客户端窗口的功能。

任务 20　注册/登录界面的实现

【任务目标】

（1）掌握窗口、面板、标签、图像、按钮的编程方法。
（2）能够设计注册/登录界面及其功能。

【任务描述】

设计实现智能家居的注册/登录界面及其功能。如图 4-39 所示，要求当用户没有输入用户名时，提示"用户名不能为空！"，当用户没有输入密码时，提示"密码不能为空！"，当用户输入的用户名或者密码错误时，提示"用户名/密码错误！"，如果用户输入的用户名和密码正确，进入单机版和网络版选择界面。

图 4-39　注册及登录界面及功能的实现

【实施条件】

（1）Proteus 8.9 软件一套、智能家居系统的电路图一套。
（2）IDEA 家用版或者企业版（Java 程序开发的集成环境）。
（3）64 位的 Java 运行环境 JDK。

微课 窗口与按钮

4.20.1 相关知识点解读

窗口、面板、标签、图像、按钮这些知识之前虽未介绍，但是在任务实施中已经大量使用，本任务介绍这些知识点，以让读者进一步巩固这些知识点。

1. 窗口（JFrame）

窗口有边界、标题、关闭按钮等。Java 应用程序应至少包含一个框架。JFrame 类（窗口）继承于 Frame 类。

1）窗口的构造方法

JFrame 类的构造方法如下。

（1）JFrame()：创建无标题的初始不可见窗口。

（2）JFrame(String title)：创建标题为 title 的初始不可见窗口。

例如，创建带标题"Java GUI 应用程序"的窗口对象 frame，可用以下语句：

```
JFrame frame = new JFrame("Java GUI 应用程序");
```

2）窗口的成员方法

JFrame 常用成员方法如下。

（1）public void setSize(int width,int height)：设置窗口的宽度和高度。

（2）public void setVisible(boolean visible)：设置窗口是否可见。

（3）public void setLocation(int x,int y)：设置窗口在屏幕上的位置，x 和 y 是窗口左上角的坐标值。

（4）public void setTitle(String title)：设置窗口的标题。

（5）public Container getContenPane()：获得窗口的内容面板。

（6）public void pack()：使窗口的初始大小正好显示所有组件。

（7）public void setDefaultCloseOperation(int operation)。设置窗口关闭的默认操作方式。Operation 取以下整数常数：DO_NOTHING_ON_CLOSE（不作任何操作）、HIDE_ON_CLOSE（自动隐藏窗口）、DISPOSE_ON_CLOSE（自动隐藏窗口并且释放窗口）和 EXIT_ON_CLOSE（退出应用程序）。

【例 4-24】使用 JFrame 创建窗口。

```
import java.awt.*;
import javax.swing.*;
public class Main
{
    JFrame f = new JFrame();
    public Main()
    {
```

```
            f.setSize(350,200);
            f.setLocation(50,50);
            f.setTitle("框架构造方法与成员方法的使用");
            f.setVisible(true);
            f.setDefaultCloseOperation(JFrame.EXIT_ON_CLOSE);
    }
    public static void main(String args[])
    {
        new Main();
    }
}
```

程序运行结果如图 4-40 所示。

图 4-40 使用 JFrame 创建窗口

2. 面板

1) 面板的常用构造方法

public JPanel()：创建面板。

public JPanel（booleanisDoubleBuffered）：创建具有 FlowLayout 和指定缓冲策略的面板。

public JPanel（LayoutManager layout）：创建指定布局的面板。

Public JPanel（LayoutManager layout, booleanisDoubleBuffered）：创建指定布局和缓冲策略的面板。

2) 面板的常用成员方法

void setLayout（LayoutManager layout）：以指定布局管理器设置面板的布局。

Component add（Component comp）：为面板添加控件。

void setBackground（Color bg）：设置面板背景色。

【例 4-25】面板的使用方法。

```
import java.awt.*;
import javax.swing.*;
public class Main
{
    JFrame f = new JFrame();
    JPanel p = new JPanel();
    public Main()
    {
```

```
            f.setSize(350,200);
            f.setLocation(50,50);
            f.setTitle("框架构造方法与成员方法的使用");
            Container c = f.getContentPane();
            c.add(p);
            p.setBackground(Color.BLUE);
            f.setDefaultCloseOperation(JFrame.EXIT_ON_CLOSE);
            f.setVisible(true);

        }
        public static void main(String args[])
        {
            new Main();
        }
}
```

程序运行结果如图 4 – 41 所示。

图 4 – 41　面板的使用方法

3. 标签（JLabel）

1）标签的常用构造方法

（1）public JLabel( )：创建一个空标签。

（2）public JLabel(Icon image)：创建一个指定图片的标签。

（3）public JLabel(Icon image,int horizontalAlignment)：创建一个带有指定图片且水平对齐的标签。

（4）public JLabel(String text)：创建一个带有文本的标签。

（5）public JLabel(String text, Icon image,int horizontalAlignment)：创建一个带有指定图片、指定文本且水平对齐的标签。

（6）public JLabel(String text, int horizontalAlignment)：创建一个带有指定文本且水平对齐的标签。

2）标签的常用成员方法

（1）public String getText( )：获取标签上的文本。

（2）public void getText(String text)：设置标签上的文本。

（3）public void setIcon(Icon icon)：设置标签上显示的图标为 icon。

【例 4-26】带有图标标签的使用方法。

```java
import java.awt.*;
import javax.swing.*;
public class Main extends JFrame
{
    JPanel p = new JPanel();
    JLabel l = new JLabel("这是一个标签");
    ImageIcon icon = new ImageIcon("new.png");
    public Main()
    {
        setSize(600,600);
        setLocation(50,50);
        setTitle("框架构造方法与成员方法的使用");
        add(p);
        p.setBackground(Color.yellow);
        l.setIcon(icon);
        p.add(l);
        setDefaultCloseOperation(JFrame.EXIT_ON_CLOSE);
        setVisible(true);

    }
    public static void main(String args[])
    {
        new Main();
    }
}
```

程序运行结果如图 4-42 所示。

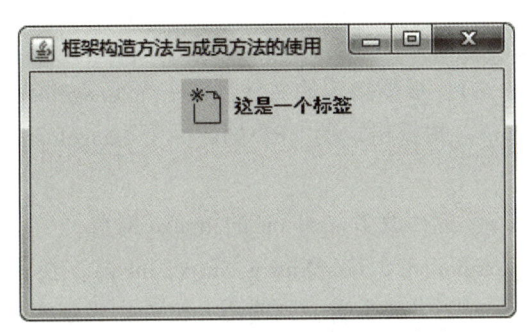

图 4-42 带有图标标签的使用方法

4. 图像

图像是人类表达思想的最直观的形式。在程序中通过使用图像可使用户界面更美观、更生动有趣,且便于用户操作。

下面介绍 Java 中常用的图像格式及其对资源的使用权限。

1) 常用图像格式

当前有许多种格式的图像文件,Java 中最常用的是 GIF 和 JPEG 这两种格式的图像文件。

（1）GIF 格式。

GIF 格式称为图像交换格式，它是 Internet Web 页面使用最广泛的、默认的及标准的图像格式。如果图像是以线条绘制而成的，则采用这种格式时，图像的清晰度要明显优于其他格式的图像，它在维护原始图像而不降低品质的能力方面也同样优于其他格式。

（2）JPEG 格式。

JPEG 格式适用于照片、医疗图像、复杂摄影插图。这种格式的图像是固有的全色图像，因此在一些支持色彩较少的显示器上显示这些格式的图像时会失真。

JPEG 格式图像可以是二维的（2D），也可以是三维的（3D）。

2）获取图像文件的权限

在 Java 中，出于安全考虑，要获取或访问系统资源（如读/写文件等），必须获得系统赋予的相应权限。权限即获取系统资源的权力。对文件所能授予的权限有：读、写、执行和删除。

Java 在其策略文件中指明了应用程序环境中各种资源的使用权限。用户默认的策略文件被保存在用户主目录下名为"java.policy"的文件中。该文件是一个文本文件，可以使用文本编辑器来编辑创建策略文件，也可以使用 JDK 提供的 PolicyTool 工具创建策略文件。在后边的任务中将介绍策略文件的创建方法。

3）显示图像

总的来说，要绘制一幅图像，首先要获得图像文件对象，然后在容器上绘制它。在之前的任务中就使用了 ImageIcon 对象在组件上加载图标。下面先介绍几个与获取图像对象相关的类，然后给出几个显示图像的示例。

（1）ImageIcon 类。

①常用的构造方法。

ImageIcon(Image image)：根据图像对象创建一个 ImageIcon。

ImageIcon(String filename)：根据指定的文件创建一个 ImageIcon。

ImageIcon(URL location)：根据指定的 URL 创建一个 ImageIcon。

②常用的成员方法。

public Image getImage()：返回此 ImageIcon 的 Image 对象。

public void paintIcon(Component c, Graphics g, int x, int y)：在 g 的坐标空间中的（x, y）处绘制图标。如果此图标没有图像观察者，则使用 c 组件作为观察者。

public int getIconWidth()：获得图标的宽度。

public int getIconHeight()：获得图标的高度。

（2）Toolkit 类。

Toolkit 类是一个抽象类，不能直接生成对象，但它提供了如下类方法来获得 Toolkit 对象：

static Toolkit getDefaultToolkit();

在获得 Toolkit 对象之后，就可以使用对象的如下方法获得图像对象。

①abstract Image getImage(String filename)：从指定文件中获取图像对象，图像格式可以

是 GIF、JPEG 或 PNG。

②abstract Image getImage(URL url)：从指定的 URL 获取图像对象。

【例 4-27】 在 JFrame 容器中绘制一幅图像。

```java
import java.awt.*;
import javax.swing.*;
public class Main extends JFrame
{
  Image image;
  public Main()
  {
     ImageIcon icon = new ImageIcon("p06.jpg");
     image = icon.getImage();
     this.setSize(350,250);
     this.setVisible(true);
  }
  public void paint(Graphics g)
  {
   g.drawImage(image,10,10,this);
  }
  public static void main(String [] args)
  {
     new Main();
  }
}
```

程序运行结果如图 4-43 所示。

图 4-43 在 JFrame 容器中绘制一幅图像

当然也可以使用 Toolkit 类的功能获得 Image 图像对象：

```java
Toolkit kit = Toolkit.getDefaultToolkit();
Image imageobj = kit.getImage("p06.jpg");
```

5. 按钮

1）按钮的构造方法

（1）Button( )：创建一个没有标题的按钮。

（2）Button(String label)：创建一个显示标题的按钮。

2）按钮的成员方法

（1）public String getLabel( )：返回按钮的显示标题。

（2）public void setLabel(String label)：设置按钮的显示标题。

【例 4 – 28】 按钮的使用。

```java
import javax.swing.*;
import java.awt.*;
public class Main extends JFrame
{
    Button submit = new Button("yes");
    Button s = new Button();
    Button cancel = new Button();
    public Main()
    {
        setLayout(new FlowLayout());
        add(submit);
        add(s);
        cancel.setLabel("no");
        add(cancel);
        setSize(200,200);
        setVisible(true);
        setTitle("test");
    }
    public static void main(String[] args)
    {
        new Main();
    }
}
```

程序运行结果如图 4 – 44 所示。

图 4 – 44　按钮的使用

4.20.2　任务实施

1. 用户信息数据库类的设计

新建包 com.sxjdxy.login，右击包 com.sxjdxy.login，新建类 UserData，具体如下：

```
package com.sxjdxy.login;
import java.sql.*;
```

```java
public class UserData {
    Connection c = null;
    Statement stmt = null;
    public void createDatabase(String sql) throws ClassNotFoundException {
        try {
            Class.forName("org.sqlite.JDBC");
            c = DriverManager.getConnection("jdbc:sqlite:SENSOR.db");
            stmt = c.createStatement();
            stmt.executeUpdate("drop table if exists user");
            stmt.executeUpdate(sql);
            stmt.close();
            c.close();
        } catch (SQLException e) {
            e.printStackTrace();
        }
    }
    public boolean select( String sql,String name,String pass)
    {
        boolean state = false;
        Connection c = null;
        Statement stmt = null;
        try {
            Class.forName("org.sqlite.JDBC");
            c = DriverManager.getConnection("jdbc:sqlite:SENSOR.db");
            c.setAutoCommit(false);
            stmt = c.createStatement();
            ResultSet rs = stmt.executeQuery(sql);
            while ( rs.next() ) {
   if(rs.getString("name").toString().equals(name)&&rs.getString("pass").toString().equals(pass))
                {state = true;}
                else {state = false;}
            }
            rs.close();
            stmt.close();
            c.close();
        } catch ( Exception e ) {
            System.err.println( e.getClass().getName() + ": " + e.getMessage() );
            System.exit(0);
        }
        return state;
    }
    public void insert(String sql )
    {
        Connection c = null;
        Statement stmt = null;
        try {
            Class.forName("org.sqlite.JDBC");
            c = DriverManager.getConnection("jdbc:sqlite:SENSOR.db");
```

```
                c.setAutoCommit(false);
                stmt = c.createStatement();
                stmt.executeUpdate(sql);
                stmt.close();
                c.commit();
                c.close();
            } catch ( Exception e ) {}
        }
    }
```

2. 用户信息验证类的设计

右击包 com.sxjdxy.login，新建类 LoginUIP，具体如下：

```
package com.sxjdxy.login;

public class LoginUIP{
    public int right(String xm,String mm)
    {
        if("".equals(xm))
        {
            return 1;
        }
        else if("".equals(mm))
        {
            return 2;
        }
        UserData ls = new UserData();
        String sql = "select * from user";
        boolean loginstate = ls.select(sql,xm,mm);
        if(loginstate)
        {
            return 4;
        }
        else
        {
            return 3;
        }
    }
}
```

3. 登录类的设计

右击包 com.sxjdxy.login，新建类 Login，具体如下：

```
package com.sxjdxy.login;

import com.sxjdxy.tcp.MyClint;
import com.sxjdxy.window.HomeWindow;
```

```java
import javax.swing.*;
import java.awt.*;
import java.awt.event.ActionEvent;
import java.awt.event.ActionListener;

public class Login extends JFrame{
    int j=1;
    String xm,mm;
    JLabel jlabel1=new JLabel("用户名:");
    JTextField uname=new JTextField(10);
    JLabel jlabel2=new JLabel("密码:");
    JPasswordField upsd=new JPasswordField(10);
    JButton submit=new JButton("登录");
    JButton register=new JButton("注册");
    JLabel jlabel3=new JLabel("智能家居");
    ImageIcon i=new ImageIcon("image/home.PNG");
    JLabel image=new JLabel(i);
    JPanel p1=new JPanel();
    JPanel p2=new JPanel();
    JPanel p3=new JPanel();
    public Login()
    {
        UserData userData=new UserData();
        String sql="CREATE TABLE user(ID INT PRIMARY KEY NOT NULL,name TEXT NOT NULL,pass TEXT NOT NULL);";
        try{
            userData.createDatabase(sql);
        }catch (ClassNotFoundException e1) {
            e1.printStackTrace();
        }
        try
        {
            setDefaultCloseOperation(DISPOSE_ON_CLOSE);
            jbInit();
        }
        catch(Exception ee)
        {
            ee.printStackTrace();
        }
    }
    private void jbInit() throws Exception
    {
        setLayout(new BorderLayout());
        setSize(new Dimension(500,350));
        setResizable(false);
        setTitle("智能家居");
        jlabel3.setFont(new java.awt.Font("宋体-方正超大字符集",Font.BOLD,25));
        p1.add(jlabel3);
        p2.add(image);
```

```java
                p3.add(jlabel1);
                p3.add(uname);
                p3.add(jlabel2);
                p3.add(upsd);
                p3.add(submit);
                p3.add(register);
                add(p1,BorderLayout.NORTH);add(p2,BorderLayout.CENTER);add(p3,BorderLayout.SOUTH);
                submit.setEnabled(false);register.setEnabled(true);
                submit.addActionListener(new ActionListener() {
                    @Override
                    public void actionPerformed(ActionEvent e) {
                        if(e.getSource() == submit)
                        {
                            xm = uname.getText();
                            mm = new String(upsd.getPassword());
                            LoginUIP luip = new LoginUIP();
                            if(luip.right(xm,mm) ==1)
                            {
                                JOptionPane.showMessageDialog(null,"用户名不能为空!");
                            }
                            if(luip.right(xm,mm) ==2)
                            {
                                JOptionPane.showMessageDialog(null,"密码不能为空!");
                            }
                            if(luip.right(xm,mm) ==4)
                            {
                                new HomeWindow();
                                setVisible(false);
                            }
                            if(luip.right(xm,mm) ==3)
                            {
                                JOptionPane.showMessageDialog(null,"用户名/密码错误!");
                            }
                        }
                    }
                });
                register.addActionListener(new ActionListener() {
                    @Override
                    public void actionPerformed(ActionEvent e) {
                        String sql = "insert into user(id,name,pass) values (" + j++ + ",'" + uname.getText() + "','" + new String(upsd.getPassword()) + "');";
                        UserData userData = new UserData();
                        userData.insert(sql);
                        submit.setEnabled(true);
```

```
        }
    });
  }
}
```

4. 主类的设计

右击包 com.sxjdxy.login，新建类 Welcome，具体如下：

```
package com.sxjdxy.login;

import javax.swing.*;
import java.awt.*;

public class Welcome{
    boolean packframe = false;
    public Welcome()
    {
        final Login frame = new Login();
        if(packframe)
        {
            frame.pack();
        }
        else
        {
            frame.validate();
        }
        Dimension sSize = Toolkit.getDefaultToolkit().getScreenSize();
        Dimension fSize = frame.getSize();
        if(fSize.height > sSize.height)
        {
            fSize.height = sSize.height;
        }
        if(fSize.width > sSize.width)
        {
            fSize.width = sSize.width;
        }
        frame.setLocation((sSize.width - fSize.width)/2,(sSize.height - fSize.height)/2);
        frame.setVisible(true);
    }
    public static void main(String args[])
    {
        SwingUtilities.invokeLater(new Runnable()
        {
            public void run()
            {
                try
                {
```

```
UIManager.setLookAndFeel(UIManager.getSystemLookAndFeelClassName());
                }
                catch(Exception e)
                {
                    e.printStackTrace();
                }
                new Welcome();
            }
        });
    }
}
```

程序运行结果如图 4 – 41 所示。

> **想一想**
>
> 仔细阅读任务 20 任务实施中的代码,思考主类想表达什么,登录类主要实现了什么,用户注册使用了哪些主要语句,用户信息登录使用了哪些主要语句。

【拓展任务】

编程设计一个登录界面,要求美观大方,但不要求用户注册及验证登录信息,可直接进入智能家居系统。

任务 21 单机版与网络版选择界面的设计

【任务目标】

(1) 掌握事件及事件监听的编程方法。
(2) 能够设计单机版与网络版选择界面及其功能。

【任务描述】

设计单机版与网络版选择界面,如图 4 – 45 所示,要求单击"启动服务器"按钮,进入网络版智能家居系统,单击"启动单机版"按钮,进入单机版智能家居系统。

【实施条件】

(1) Proteus 8.9 软件一套、智能家居系统的电路图一套。
(2) IDEA 家用版或者企业版（Java 程序开发的集成环境）。
(3) 64 位的 Java 运行环境 JDK。

图 4 – 45 单机版与网络版选择界面

4.21.1 相关知识点解读

事件及事件监听知识之前虽未介绍,但是在任务实施中已经大量应用,本任务详细介绍该知识点,让读者进一步巩固事件及事件监听知识。

事件与监听

Java 的事件及事件监听，就是注册事件，然后监听事件，当监听到事件时就执行要求的任务。

事件及事件监听

事件与事件监听通常涉及以下概念。

（1）事件源。事件源就是触发事件的源头。不同的事件源触发不同的事件类型，比如对于按钮组件，当单击按钮时，就会触发一个 ActionEvent 事件；而窗口组件可以触发 WindowEvent 事件，选择组件则可以触发 ItemEvent 事件。每种事件类型都有其各自的方法，比如：ItemEvent 事件有 getItemSelectable( )方法，用于查找事件源。在事件源出发了一个事件后，Java 将自动创建某一类型的事件对象。

（2）事件监听器。事件监听器负责监听事件源发出的事件。一个事件监听器通常是一个 XYZListnener 接口。事件源允许向它注册事件监听器，一个事件源可以注册多个事件监听器。当事件源发出一个事件时，事件源会对已经向这个事件源注册的所有事件监听器发送一个通知。

（3）注册事件。向一个组件注册一个事件的一般格式是：addXYZListener（XYZListener）。其中，addXYZListener 中的 XYZListener 是该事件的监听器接口。XYZListener 是实现该接口的类的一个对象。比如，假设 b 是一个按钮组件，那么，向 b 注册一个事件的方法是：b. addActionListener（buttonListener）。其中，buttonListener 是实现 ActionListener 接口的一个类的对象，在其内实现了 actionPerformed( )方法。触发这个事件之后所执行的操作，就在 actionPerformed( )方法中实现。可以写一个实现 ActionListener 接口的类，也可以直接在参数行实现这个接口。

（4）取消注册。使用 removeXYZListener( )方法取消注册。

（5）执行事件。事件的执行在事件监听器接口的各种方法中实现。当监听器监听到一个事件时，就会调用它的相应方法，响应这个事件。

要让程序对某个事件进行处理，需要做两个工作。

1. 设置组件

当将一个类用作事件监听器时，已经设置好一个特定的事件类型，它会用该类进行监听。接下来的操作是将一个匹配的监听器加入该组件。

组件被创建之后，可以在组件上调用如下方法来将监听器与它联系起来。

（1）addActionListener( )：可用于 Button、Check、TexyField 等组件。

（2）addAdjustmentListener( )：可用于 ScrollBar 组件。

（3）addFocusListener( )：可用于所有可视化组件。

（4）addItemListener( )：可用于 Button、CheckBox 等组件。

（5）addKeyListener( )：可用于所有可视化组件。

（6） addMouseListener（ ）：可用于所有可视化组件。

（7） addMouseMotionListener（ ）：可用于所有可视化组件。

（8） addWindowsListener（ ）：可用于 Window、Frame 等组件。

例如，以下语句创建了一个 JButton 对象，并将它与动作事件监听器联系起来。

```
JButton button = new JButton("OK");
button.addActionListener（this）；    //this 指明当前类就是事件监听器
```

2. 事件处理方法

当将一个接口与某个类联系起来时，该类必须处理该接口所包含的所有方法。在接口 ActionListener 中只有一个方法：actionPerformed（ ）。所有实现 ActionListener 的类都必须实现这一方法。

例如：

```
public void actionPerformed(ActionEvent evt)
{        //事件处理程序         }
```

注意：

（1） 在图形用户界面上只有一个组件具有动作事件监听器时，这个 actionPerformed（ ）方法可以用来响应由该组件产生的一个事件。

（2） 如果超过一个组件具有动作事件监听器，则必须找出哪个组件被使用而产生了动作。

（3） 当某个类型的一个事件对象被传递给事件处理方法时，该事件对象的方法 getSource（ ）可以用来判断出发送给事件的组件名，或使用运算符 instanceof 获得产生该事件的组件类型，以决定执行哪一个组件的事件响应程序。

【例 4 – 29】事件与事件监听。

```
import javax.swing.*;
import java.awt.*;
import java.awt.event.ActionEvent;
import java.awt.event.ActionListener;
public class Main extends JFrame
{
    public static void main(String args[])
    {
        new Main();
    }
    //实现 ActionListener 接口所定义的方法 actionPerformed()
    public Main(){
        JButton b = new JButton("按我");
        JLabel label = new JLabel("");
        setLayout(new FlowLayout());
        setSize(100,100);
```

```
        setTitle("事件与事件交互");
        setDefaultCloseOperation(JFrame.DISPOSE_ON_CLOSE);
        add(b);add(label);
        //设置按钮 b 的监听
        b.addActionListener(new ActionListener() {
            @Override
            public void actionPerformed(ActionEvent e) {
                label.setText("你按了我。");
            }
        });
        setVisible(true);
    }
}
```

程序运行结果如图 4-46 所示。

图 4-46　事件与事件交互

4.21.2　任务实施

右击包 com.sxjdxy.login，新建类 Select，具体如下：

项目 4　任务 21 操作视频

```
package com.sxjdxy.login;
import com.sxjdxy.tcp.MyClint;
import com.sxjdxy.tcp.MyTcp;
import com.sxjdxy.window.HomeWindow;

import javax.swing.*;
import java.awt.*;
import java.awt.event.ActionEvent;
import java.awt.event.ActionListener;

public class Select extends JFrame {
    public Select(){
        JButton net = new JButton("启动服务器");
        JButton standAlone = new JButton("启动单机版");
        add(net);add(standAlone);
        setSize(200,100);
        setVisible(true);
        setTitle("启动选择");
        setLayout(new GridLayout(2,1));
        net.addActionListener(new ActionListener() {
            @Override
            public void actionPerformed(ActionEvent e) {
                standAlone.setEnabled(false);
```

```
                    new MyTcp().getServer();
                }
        });
        standAlone.addActionListener(new ActionListener() {
                @Override
                public void actionPerformed(ActionEvent e) {
                    net.setEnabled(false);
                    new Welcome();
                }
        });
    }
}
```

在主类的主方法中输入"new Select();"，运行程序，即可得到图4-47所示结果。

> **想一想**
>
> 仔细阅读任务21任务实施中的代码，思考事件是什么，事件监听发生在什么位置。

【拓展任务】

发挥自己的想象，设计一个界面，界面中有一个按钮，单击按钮，用一个文本域显示需求，要求文本域放到滚动面板上，目的是当用户表达的意思过多时产生滚动条。

【项目总结】

本项目基于虚拟串口工具 SSCOM32，首先对测试的数据进行分析，然后以此为依据借助静态、数组设计了基础数据类 Data；借助接口及接口继承实现了 Operation 接口；借助方法的重载与覆盖、变量的修饰与封装实现了各房间灯与风扇的控制类；借助 sqlite 数据库实现了数据表的创建、数据记录的插入与查询，并在此基础上实现了各房间传感器数据的读取与储存；借助父类的继承、super 和 this 实现了各房间灯窗口的设计；借助线程实现了风扇转动动画以及风扇控制窗口的设计；借助 JFrame 的各种组件实现了各房间传感器数据的读取与显示窗口的设计、灯/风扇窗口的组合、历史信息的显示以及历史曲线的绘制；借助套接字实现了客户端与服务器端的 TCP 传输。

项目四是一个综合性的项目，此项目不仅让读者了解如何基于 Java 知识点设计一个比较复杂的智能家居系统，而且实现了 Java 知识点、技能点的近迁移和远迁移。

附：项目四 "智能家居系统的设计" 工作任务书

项目四 "智能家居系统的设计"
工作任务书

课程名称：　_____

专　　业：　_____

班　　级：　_____

姓　　名：　_____

学　　号：　_____

山西机电职业技术学院

一、学习目标

（1）掌握 sqlite 数据库编程方法。
（2）掌握方法的重载与覆盖。
（3）掌握变量的修饰与封装。
（4）掌握接口的编程方法。
（5）掌握类的继承。
（6）掌握 Swing 技术的相关组件编程方法。
（7）掌握绘图的编程方法。
（8）掌握线程的编程方法。
（9）能够编程实现智能家居系统。

二、学时

42 学时。

三、任务描述

为一套房 1 室 1 厅 1 厨 1 卫的房屋设计智能家居系统，满足用户需求。智能家居系统的仿真电路图如图 4-1 所示。各房间中有 1 个灯、1 个空调（用风扇取代），采用电脑控制；1 个人体传感器，监测是否有人；1 个温度传感器，监测温度是否适宜，若不适宜则打开空调；1 个光照传感器，监测室内的光线是否合适。厨房中有 1 个火焰传感器，监测是否有火灾发生。

串口通信命令说明如下
01：电动机 1 正转；
02：电动机 1 停转；
03：电动机 2 正转；
04：电动机 2 停转；
05：电动机 3 正转；
06：电动机 3 停转；
07：电动机 4 正转；
08：电动机 4 停转；
10：灯 1 开；
11：灯 2 开；
12：灯 3 开；
13：灯 4 开；
14：灯 1 关；
15：灯 2 关；
16：灯 3 关；
17：灯 4 关；
20：开关传感器状态，温度 1 数据；
21：开关传感器状态，温度 2 数据；

22：开关传感器状态，温度 3 数据；

23：开关传感器状态，温度 4 数据。

开关传感器状态为第 3 字节——第 0 位（光照 W）、第 1 位（光照 WC）、第 2 位（光照 C）、第 3 位（光照 K）、第 4 位（人体 W）、第 5 位（人体 WC）、第 6 位（人体 C），第 4 字节——第 0 位（火焰）、第 1 位（人体 K）；温度数据为第 5 字节。串口波特率为 19 200，串口为 COM2。注意用虚拟串口工具虚拟 COM2 和 COM3 为一对串口。

四、工作流程与活动

在接受工作任务后，应首先熟悉场地，观察软件安装是否正确，确认以下信息：虚拟串口工具是否安装到位？Proteus 8.9 软件是否安装到位？64 位 JDK 是否安装到位？JDK 设置是否合理？64 位 IDEA 是否安装到位？在一切检查正确的情况下，开始实训，注意每天实训结束后自觉打扫卫生。

学习活动 1：灯控制类的实现（2 学时）。

学习活动 2：风扇开关控制类的实现（2 学时）。

学习活动 3：创建数据库（2 学时）。

学习活动 4：传感器数据的读取与存储（2 学时）。

学习活动 5：灯控制窗口的设计（2 学时）。

学习活动 6：各房间灯界面的组合（2 学时）。

学习活动 7：风扇控制窗口的设计（2 学时）。

学习活动 8：各房间风扇控制窗口的调用（2 学时）。

学习活动 9：卧室传感器信息查询窗口的设计（2 学时）。

学习活动 10：厨房传感器信息查询窗口的设计（2 学时）。

学习活动 11：卫生间传感器信息查询窗口的设计（2 学时）。

学习活动 12：客厅传感器信息查询窗口的设计（2 学时）。

学习活动 13：以表格显示各房间传感器历史信息（2 学时）。

学习活动 14：客厅传感器信息查询及传感器历史信息的同窗口显示（2 学时）。

学习活动 15：客厅温度传感器历史曲线的显示（2 学时）。

学习活动 16：用菜单组合各房间传感器的所有功能（2 学时）。

学习活动 17：用工具栏将各房间灯/风扇/传感器组合（2 学时）。

学习活动 18：网络服务器端的设计（2 学时）。

学习活动 19：客户端的设计（2 学时）。

学习活动 20：注册/登录界面的实现（2 学时）。

学习活动 21：单机版与网络版选择界面的设计（2 学时）。

学习活动 1　灯控制类的实现

一、学习目标

（1）掌握接口的创建。

（2）掌握实现接口的编程方法。

（3）巩固异常与抛出的编程方法。

（4）巩固成员方法的编程方法。

二、学习描述

从项目描述中可知，房屋中有 4 个灯，需要用电脑控制，请编程实现。

三、学习准备

查看是否已有以下工具。

（1）Proteus 8.9 软件一套、智能家居系统的电路图一套。

（2）IDEA 家用版或者企业版（Java 程序开发的集成环境）。

（3）64 位的 Java 运行环境 JDK。

四、学习过程

（1）右击 "src"，新建包 com.sxjdxy.data，右击包 com.sxjdxy.data，新建类 Data，将各房间灯、风扇的开关命令，光照人体/火焰/温度传感器的读命令转换为 Java 常数的格式，创建串口变量及打开串口的静态语句。

（2）右击 "src"，新建包 com.sxjdxy.control，右击包 com.sxjdxy.control，新建厨房灯类 CLed，实现开关灯。具体如下：

（3）右击类 CLed，进行复制，右击包 com.sxjdxy.control，进行粘贴，输入 "KLed"，单击 "OK" 按钮，将 CLEDOPEN、CLEDCLOSE 中的 C 改为 K，结果如下。

(4)能否创建卫生间灯类 WCLed？动手试一试。在主类的主方法中测一测，查看是否实现了卫生间灯的控制。

(5)请仿照本任务完成卧室灯控制类的编程。

五、任务评价

任务评价表见表 4-11。

表 4-11 任务评价表

班级		姓名		学号		日期		年 月 日	
序号		评价点				配分	得分	总评	
1	类 Data	包、类名称是否正确？				35		A□（86~100） B□（76~85） C□（60~75） D□（<60）	
		灯常数是否正确？							
		风扇开关命令常数是否正确？							
		serialPort 配置是否正确？							
		各房间二元传感器命令是否正确？							
		各房间温度传感器命令是否正确？							
2	类 CLed 能否实现开关灯？					15			
3	类 KLed 能否实现开关灯？					15			
4	类 WCLed 能否实现开关灯？					15			
5	类 WLed 能否实现开关灯？					20			
小结 建议									
建议						评定人：（签名）		年 月 日	

学习活动 2　风扇开关控制类的实现

一、学习目标
（1）掌握方法的重载与覆盖。
（2）掌握修饰与封装。
（3）巩固异常与抛出的编程方法。
（4）巩固创建接口的编程方法。

二、学习描述
从项目描述中可知，房屋中有 4 个风扇，需要用电脑控制，请编程实现。

三、学习准备
查看是否已有以下工具。
（1）Proteus 8.9 软件一套、智能家居系统的电路图一套。
（2）IDEA 家用版或者企业版（Java 程序开发的集成环境）。
（3）64 位的 Java 运行环境 JDK。

四、学习过程
（1）右击包 com.sxjdxy.control，新建厨房风扇类 CFan，实现开关风扇。具体如下：

（2）右击风扇类 CFan，进行复制，右击包 com.sxjdxy.control，进行粘贴，输入卧室风扇类 WFan，单击"OK"按钮，完成复制，将 CLed 中的 C 改为 W，将 CFANOPEN、CFANCLOSE 中的 C 改为 W，结果如下。

五、任务评价

任务评价表见表 4-12。

表 4-12 任务评价表

班级		姓名		学号		日期		年　月　日
序号		评价点			配分	得分		总评
1		com. sxjdxy. control 包设计是否正确？			10			A□（86～100） B□（76～85） C□（60～75） D□（＜60）
2		CFan 类是否具有开风扇和关风扇的方法，而且功能可以实现？			30			
3		WFan 类是否具有开风扇和关风扇的方法，而且功能可以实现？			30			
4		卫生间风扇类 WFan 是否具有开风扇和关风扇的方法，而且功能可以实现？			30			
小结 建议								
建议								

评定人：（签名）　　　　年　月　日

学习活动 3　创建数据库

一、学习目标

（1）掌握在 IDEA 中编写数据库连接语句的方法。
（2）掌握创建数据表的 SQL 语句。

二、学习描述

创建数据库类，实现各类表的创建、登录信息的查询和验证、各类传感器信息的查询、数据记录的插入。

三、学习准备

查看是否已有以下工具。

（1）Proteus 8.9 软件一套、智能家居系统的电路图一套。

（2）IDEA 家用版或者企业版（Java 程序开发的集成环境）。

（3）64 位的 Java 运行环境 JDK。

四、学习过程

（1）右击包 com.sxjdxy.data，新建类 Database，具体如下：

（2）如果要创建表，表名可变，由参数 address 和 SENSOR 构成，SQL 提供创建数据表的语句，在 Database 中实现，如何实现此方法？参数是什么？

（3）在类 Database 中实现创建表，表名可变，由参数 home 和字符串 ZigBee 构成，SQL 提供创建数据表语句的方法 createDatabase( )。如何实现？

五、任务评价

任务评价表见表 4-13。

表 4-13 任务评价表

班级		姓名		学号		日期	年 月 日	
序号	评价点				配分	得分	总评	
1	类 Database		是否创建了数据库和数据表的功能?		30		A□ (86~100) B□ (76~85) C□ (60~75) D□ (<60)	
			是否具有插入数据记录的功能?					
			是否具有查询的功能?					
2	问题(2)的方法是否合理?参数是否正确?				30			
3	方法 createDatabase( )		方法 createDatabase( ) 的参数是否正确?		40			
			设计的数据表名是否可变?					
			是否由参数 home 和字符串 ZigBee 构成?					
			是否由 SQL 提供数据表语句?					
小结 建议								
建议								
					评定人:(签名)		年 月 日	

学习活动 4 传感器数据的读取与存储

一、学习目标

(1)掌握在 IDEA 中编写数据库连接语句的方法。
(2)掌握数据表插入语句 INSERT 的使用。
(3)掌握数据表查询语句 SELECT 的使用。

二、学习描述

实现厨房、卧室、卫生间、客厅传感器数据的读取与存储。

三、学习准备

查看是否已有以下工具。

（1）Proteus 8.9 软件一套、智能家居系统的电路图一套。

（2）IDEA 家用版或者企业版（Java 程序开发的集成环境）。

（3）64 位的 Java 运行环境 JDK。

四、学习过程

（1）新建包 com.sxjdxy.sensor，右击包 com.sxjdxy.sensor，新建类 WSensor，实现卧室传感器数据的读取，具体如下：

（2）代码中阴影部分的记录是否一致？

（3）右击包 com.sxjdxy.sensor，新建类 WCSensor，实现卫生间传感器数据的读取，具体如下：

（4）右击包 com.sxjdxy.sensor，新建类 KSensor，实现客厅传感器数据的读取，具体如下：

（5）右击包 com. sxjdxy. sensor，新建类 CSensor，实现厨房传感器数据的读取，具体如下：

五、任务评价

任务评价表见表 4-14。

表 4-14 任务评价表

班级		姓名		学号		日期		年 月 日	
序号		评价点				配分	得分	总评	
1		卧室		传感器数据是否正确采集？		20		A□（86~100） B□（76~85） C□（60~75） D□（<60）	
				传感器数据是否存入数据表？					
2		厨房		传感器数据是否正确采集？		20			
				传感器数据是否存入数据表？					
3		卫生间		传感器数据是否正确采集？		20			
				传感器数据是否存入数据表？					
4		客厅		传感器数据是否正确采集？		20			
				传感器数据是否存入数据表？					
5		代码中阴影部分的记录		是否一致？		20			
小结建议									
建议									

评定人：（签名）　　　　年 月 日

学习活动 5 灯控制窗口的设计

一、学习目标
（1）掌握父类与子类的继承。
（2）掌握 super 和 this 的使用。

二、学习描述
创建厨房、卧室、卫生间及客厅灯的控制窗口，如图 4-3 所示，并实现窗口界面的灯与仿真软件的灯的联动。

三、学习准备
查看是否具有以下工具。
（1）Proteus 8.9 软件一套、智能家居系统的电路图一套。
（2）IDEA 家用版或者企业版（Java 程序开发的集成环境）。
（3）64 位的 Java 运行环境 JDK。

四、学习过程
（1）右击"src"，新建包 com.sxjdxy.window，右击包 com.sxjdxy.window，新建类 CLedWindow，此类需要继承窗口类，实现厨房灯的控制并实现窗口界面的灯与仿真软件的灯的联动。具体如下：

（2）右击类 CLedWindow，进行复制，右击包 com.sxjdxy.window，进行粘贴，输入"KLedWindow"，将代码中的"厨房"改成"客厅"、CLed( )改成 KLed( )。结果如下。

（3）回答以下问题。
任务代码中"setBorder(BorderFactory.createLoweredBevelBorder( ))"对应窗口中的什么？"imageIcon = new ImageIcon("image/ledon.PNG"); lLed.setIcon(imageIcon);"想表达什么？为什么按钮没有被单击之前这样表达：
bOpen.setEnabled (true); bClose.setEnabled (false); bOpen
被单击后这样表达：
bOpen.setEnabled (false); bClose.setEnabled (true); bClose

（4）新建类 WLedWindow、WCLedWindow，实现卧室和卫生间灯的控制窗口的设计，并实现窗口界面的灯与仿真软件的灯的联动。

五、任务评价

任务评价表见表 4–15。

表 4–15 任务评价表

班级		姓名		学号		日期		年　月　日	
序号	评价点					配分	得分	总评	
1	卧室			灯能否开和关？		20			
				窗口界面的灯与仿真软件的灯是否联动？					
2	厨房			灯能否开和关？		20			
				窗口界面的灯与仿真软件的灯是否联动？					
3	卫生间			灯能否开和关？		20			
				窗口界面的灯与仿真软件的灯是否联动？					
4	客厅			灯能否开和关？		20		A□ （86~100）	
				窗口界面的灯与仿真软件的灯是否联动？				B□ （76~85）	
5	任务代码中"setBorder(BorderFactory.createLoweredBevelBorder( ))"对应窗口中的什么？			表述是否正确？		6		C□ （60~75） D□ （<60）	
	"imageIcon = new ImageIcon (" image/ledon. PNG"); lLed. setIcon (imageIcon);" 想表达什么？			表述是否正确？		7			
	为什么按钮没有被单击之前这样表达：bOpen. setEnabled (true); bClose. setEnabled(false); bOpen 被单击后这样表达：bOpen. setEnabled (false); bClose. setEnabled(true); bClose			表述是否正确？		7			

续表

班级		姓名		学号			日期	年 月 日
序号	评价点					配分	得分	总评
小结 建议								
建议								
				评定人：（签名）				年 月 日

学习活动6　各房间灯界面的组合

一、学习目标

（1）掌握选项卡的使用。

（2）掌握类的实例化。

（3）能将各房间的灯界面通过选项卡组合在一起。

二、学习描述

用选项卡组合各房间灯的界面，实现图4-4所示的效果。

三、学习准备

查看是否已有以下工具。

（1）Proteus 8.9软件一套、智能家居系统的电路图一套。

（2）IDEA家用版或者企业版（Java程序开发的集成环境）。

（3）64位的Java运行环境JDK。

四、学习过程

（1）将类CLedWindow的继承JFrame修改为JPanel，需要去掉代码中的什么？

（2）为什么需要将类CLedWindow的继承JFrame修改为JPanel？为什么要去掉"setTitle("厨房灯的控制");"？

（3）新建类 LedWindow，用选项卡将各房间灯的界面组合到一个界面中。

（4）将 WCLedWindow 类、WLedWindow 类、KLedWindow 类改为面板。

五、任务评价

任务评价表见表 4-16。

表 4-16 任务评价表

班级		姓名		学号		日期	年　月　日
序号	评价点				配分	得分	总评
1	卧室			窗口类类 CLedWindow 是否修改成了面板类？	20		A□（86~100） B□（76~85） C□（60~75） D□（<60）
2	厨房			窗口类类 WCLedWindow 是否修改成了面板类？	20		
3	卫生间			窗口类类 WLedWindow 是否修改成了面板类？	20		
4	客厅			窗口类类 KLedWindow 是否修改成了面板类？	20		
5	类 LedWindow			是否用选项卡将 4 个面板组合成一个窗口？	10		
6	为什么需要将类 CLedWindow 的继承 JFrame 修改为 JPanel？为什么要去掉 "setTitle("厨房灯的控制");"？			表述是否正确？	10		
小结 建议							
建议							
					评定人：（签名）		年　月　日

学习活动 7 风扇控制窗口的设计

一、学习目标

（1）掌握线程的概念。
（2）掌握线程类与线程接口的使用方法。
（3）能够实现风扇的动画并与仿真界面的风扇联动。
（4）通过实现联动充分体会逻辑关系的重要性以及社会群体中的处世哲学。

二、学习描述

创建厨房、卧室、卫生间及客厅风扇的控制窗口，如图 4-6 所示，并实现窗口界面的风扇与仿真软件的风扇的联动。

三、学习准备

查看是否已有以下工具。
（1）Proteus 8.9 软件一套、智能家居系统的电路图一套。
（2）IDEA 家用版或者企业版（Java 程序开发的集成环境）。
（3）64 位的 Java 运行环境 JDK。

四、学习过程

（1）右击包 com.sxjdxy.window，新建类 CFanWindow，设计厨房窗口，使窗口拥有风扇图片和两个按钮，单击"打开"按钮，风扇转动，单击"关闭"按钮，风扇停止，并与仿真界面的风扇联动。具体如下：

（2）右击包 com.sxjdxy.window，新建类 WFanWindow，设计卧室窗口，使窗口拥有风扇图片和两个按钮，单击"打开"按钮，风扇转动，单击"关闭"按钮，风扇停止，并与仿真界面的风扇联动。具体如下：

（3）右击包 com.sxjdxy.window，新建类 WCFanWindow，设计卫生间窗口，使窗口拥有风扇图片和两个按钮，单击"打开"按钮，风扇转动，单击"关闭"按钮，风扇停止，并与仿真界面的风扇联动。具体如下：

（4）右击包 com.sxjdxy.window，新建类 KFanWindow，设计客厅窗口，使窗口拥有风扇图片和两个按钮，单击"打开"按钮，风扇转动，单击"关闭"按钮，风扇停止，并与仿真界面的风扇联动。具体如下：

（5）修改主类的主方法，输入"new CFanWindow().animate();"并运行，单击"打开"按钮，界面的风扇与仿真软件的风扇联动，单击"关闭"按钮，界面的风扇与仿真软件的风扇均停止。具体如下：

五、任务评价

任务评价表见表4-17。

表4-17 任务评价表

班级		姓名		学号		日期	年　月　日
序号		评价点			配分	得分	总评
1	卧室 WFanWindow	是否具有2个按钮和风扇图片？			20		A□（86～100） B□（76～85） C□（60～75） D□（＜60）
1	卧室 WFanWindow	风扇是否可以转动和停止？是否可以联动？			20		
2	厨房 CFanWindow	是否具有2个按钮和风扇图片？			20		
2	厨房 CFanWindow	风扇是否可以转动和停止？是否可以联动？			20		
3	卫生间 WCFanWindow	是否具有2个按钮和风扇图片？			20		
3	卫生间 WCFanWindow	风扇是否可以转动和停止？是否可以联动？			20		
4	客厅 KFanWindow	是否具有2个按钮和风扇图片？			20		
4	客厅 KFanWindow	风扇是否可以转动和停止？是否可以联动？			20		
5	类 Main	能否打开厨房的风扇控制窗口？			20		

续表

班级		姓名		学号		日期	年　月　日
序号	评价点				配分	得分	总评
小结建议							
建议							
					评定人：（签名）		年　月　日

学习活动 8　各房间风扇控制窗口的调用

一、学习目标

（1）掌握单选按钮的使用。

（2）掌握类的实例化。

（3）能够用单选按钮实现风扇控制窗口的调用。

（4）遵守国家软件文档规范。

二、学习描述

用选项卡组合各房间灯的界面，实现图 4-9 所示的效果。

三、学习准备

查看是否已有以下工具。

（1）Proteus 8.9 软件一套、智能家居系统的电路图一套。

（2）IDEA 家用版或者企业版（Java 程序开发的集成环境）。

（3）64 位的 Java 运行环境 JDK。

四、学习过程

（1）右击包 com.sxjdxy.window，新建类 FansWindow，内部包含单选按钮，通过单选按钮控制 4 个控制窗口的打开。具体如下：

（2）修改主类的主方法，输入"new FansWindow();"，运行。

（3）"if(radioButton1. isSelected( ) == true) new WFanWindow( ) ;"表达什么意思？去掉图4-9中的"确定"按钮，需要采用什么监听？

（4）去掉图4-9中的"确定"按钮，完成调用各风扇控制窗口的代码类。

五、任务评价

任务评价表见表4-18。

表4-18 任务评价表

班级		姓名		学号			日期	年 月 日
序号		评价点				配分	得分	总评
1	类 FansWindow		是否有4个按钮？			20		A□（86~100） B□（76~85） C□（60~75） D□（<60）
			是否有"确定"按钮？					
			能否打开4个风扇控制窗口？					
2	类 Main		能否打开风扇控制总窗口？			20		
3	"if(radioButton1. isSelected( ) == true) new WFanWindow( );"表达什么意思？		表述是否正确？			20		
4	去掉图4-9中的"确定"按钮，需要采用什么监听？		表述是否正确？			20		
5	去掉图4-9中的"确定"按钮，完成调用各风扇控制窗口的代码类		监听设置是否正确？代码是否正确？			20		
小结建议								
建议						评定人：（签名）		年 月 日

学习活动9 卧室传感器信息查询窗口的设计

一、学习目标

（1）掌握复选框的编程方法。
（2）能够用复选框动作监听实现传感器信息的查询。

二、学习描述

创建卧室传感器信息查询窗口，实现卧室传感器信息的查询，如图4-11所示。

三、学习准备

查看是否已有以下工具。
（1）Proteus 8.9 软件一套、智能家居系统的电路图一套。
（2）IDEA 家用版或者企业版（Java 程序开发的集成环境）。
（3）64 位的 Java 运行环境 JDK。

四、学习过程

（1）右击 com.sxjdxy.window，新建类 WSesnosrWindow，继承窗口类，将卧室传感器信息通过复选框和文本框显示到窗口中，具体如下：

（2）复选框采用了什么监听？

```
Database database = new Database();
    String[] r = database.selectSensor("select * from WSENSOR");
    t3.setText(r[2]);
```

结合上下文，仔细思考以上3行代码实现了什么功能。

（3）创建厨房传感器信息查询窗口，实现厨房传感器信息的查询。

五、任务评价

任务评价表见表 4-19。

表 4-19 任务评价表

班级		姓名		学号			日期		年　月　日	
序号	评价点						配分	得分	总评	
1	类 WSesnosrWindow			是否继承了窗口类？			25			
				是否有文本框和复选框？						
				能否从表中读取传感器信息？						
				传感器信息是否显示到窗口的文本框中？						
2	复选框采用了什么监听？			表述是否正确？			25		A□（86~100） B□（76~85） C□（60~75） D□（<60）	
3	Database database = new Database (); String[ ] r = database.selectSensor("select * from WSENSOR"); t3.setText(r[2]);			对这 3 行代码的解释是否正确？			25			
4	厨房传感器窗口类 CSesnosrWindow			是否继承了窗口类？			25			
				是否有文本框和复选框？						
				能否从表中读取传感器信息？						
				传感器信息是否显示到窗口的文本框中？						
小结 建议										
建议						评定人：（签名）			年　月　日	

学习活动 10　厨房传感器信息查询窗口的设计

一、学习目标

（1）掌握下拉列表框的编程方法。

（2）能够用下拉列表框选项监听实现传感器信息的查询。

二、学习描述

创建厨房传感器信息查询窗口，实现厨房传感器信息的查询，如图 4-13 所示。

三、学习准备

查看是否已有以下工具。

（1）Proteus 8.9 软件一套、智能家居系统的电路图一套。

（2）IDEA 家用版或者企业版（Java 程序开发的集成环境）。

（3）64 位的 Java 运行环境 JDK。

四、学习过程

（1）右击 com. sxjdxy. window，新建类 CSesnosrWindow，继承窗口类，要求具有文本框、标签、按钮和列表框组件，能够读取数据表的数据并显示到类 CSesnosrWindow 所在窗口。具体如下：

（2）任务 9 中拓展任务的代码和任务 10 任务实施的代码有区别吗？区别在什么地方？你写的代码是用什么实现的？任务 10 任务实施的代码是用什么实现的？还有别的方法吗？这两种方法的缺点是什么？

（3）仿照任务 10 任务实施的代码，用同样的方法创建卫生间传感器信息查询窗口，实现卫生间传感器信息的查询。

五、任务评价

任务评价表见表 4-20。

表 4-20 任务评价表

班级		姓名		学号		日期		年　月　日
序号	评价点					配分	得分	总评
1	类 CSesnosrWindow		是否继承了窗口类?			25		A□（86~100） B□（76~85） C□（60~75） D□（<60）
			是否有文本框和标签?					
			是否能从表中读取传感器信息?					
			传感器信息是否显示到窗口的文本框中?					
2	任务9中拓展任务的代码和任务10任务实施的代码有区别吗?		表述是否正确?			10		
3	区别在什么地方?		表述是否正确?			10		
4	你写的代码是用什么实现的,任务10任务实施的代码是用什么实现的?		表述是否正确?			10		
5	还有别的方法吗?		表述是否正确?			10		
6	这两种方法的缺点是什么?		表述是否正确?			10		
7	类 WCSesnosrWindow		是否继承了窗口类?			25		
			是否有文本框和标签?					
			是否能从表中读取传感器信息?					
			传感器信息是否显示到窗口的文本框中?					
小结建议								
建议								

评定人:（签名）　　　　年　月　日

学习活动 11　卫生间传感器信息查询窗口的设计

一、学习目标
（1）掌握列表框的编程方法。
（2）能够用列表框列表选择监听实现传感器信息的查询。

二、学习描述
创建卫生间传感器信息查询窗口，实现卫生间传感器信息的查询，如图 4-16 所示。

三、学习准备
查看是否已有以下工具。
（1）Proteus 8.9 软件一套、智能家居系统的电路图一套。
（2）IDEA 家用版或者企业版（Java 程序开发的集成环境）。
（3）64 位的 Java 运行环境 JDK。

四、学习过程
（1）右击 com.sxjdxy.window，新建类 WCSesnosrWindow，继承窗口类，要求包含用组合框、文本框、标签和按钮，实现从数据表读取传感器信息并显示到窗口中。具体如下：

（2）任务 10 拓展任务的代码和任务 11 任务实施的代码有区别吗？区别是什么？你写的代码是用什么实现的？任务 11 任务实施的代码是用什么实现的？

（3）仿照任务 11 任务实施的代码，用同样的方法创建客厅传感器信息查询窗口，实现客厅传感器信息的查询。

五、任务评价

任务评价表见表4-21。

表4-21 任务评价表

班级		姓名		学号		日期		年　月　日	
序号	\multicolumn{5}{c}{评价点}		配分	得分	总评	
1	类 WCSesnosrWindow			是否继承了窗口类？					
				是否有文本框和标签？				A□（86~100）	
				能否从表中读取传感器信息？					
				传感器信息是否显示到窗口的文本框中？					
2	任务10拓展任务的代码和任务11任务实施的代码实施的代码有区别吗？			表述是否正确？		20			
3	区别在什么地方？			表述是否正确？		20		B□（76~85）	
4	你写的代码是用什么实现的？任务11任务实施的代码是用什么实现的？			表述是否正确？		20		C□（60~75） D□（<60）	
5	类 KSesnosrWindow			是否继承了窗口类？					
				是否有文本框和标签？					
				能否从表中读取传感器信息？					
				传感器信息是否显示到窗口的文本框中？					
小结建议									
建议									
						评定人：（签名）		年　月　日	

学习活动 12　客厅传感器信息查询窗口的设计

一、学习目标

（1）掌握文本框的编程方法。

（2）能够对文本框编程实现客厅传感器信息的查询。

二、学习描述

创建客厅传感器信息查询窗口，实现客厅传感器信息的查询，如图 4 – 19 所示。

三、学习准备

查看是否已有以下工具。

（1）Proteus 8.9 软件一套、智能家居系统的电路图一套。

（2）IDEA 家用版或者企业版（Java 程序开发的集成环境）。

（3）64 位的 Java 运行环境 JDK。

四、学习过程

（1）右击 com.sxjdxy.window，新建类 KSesnosrWindow，继承窗口类，要求包含文本框、标签和按钮，实现从数据表读取传感器信息并显示到窗口中。具体如下：

（2）任务 11 拓展任务的代码和任务 12 任务实施的代码有区别吗？区别是什么？你写的代码是用什么实现的？任务 12 任务实施的代码是用什么实现的？它有什么优点？

（3）仿照任务 12 任务实施的代码实现用户注册，如图 4 – 21 所示。

五、任务评价

任务评价表见表4-22。

表 4-22 任务评价表

班级		姓名		学号			日期	年 月 日
序号	评价点					配分	得分	总评
1	类 KSesnosrWindow		是否继承了窗口类？					A□ (86~100) B□ (76~85) C□ (60~75) D□ (<60)
			是否有文本框和标签？					
			能否从表中读取传感器信息？					
			传感器信息是否显示到窗口的文本框中？					
2	任务11拓展任务的代码和任务12任务实施的代码有区别吗？		表述是否正确？			20		
3	区别在什么地方？		表述是否正确？			20		
4	你写的代码是用什么实现的？任务12任务实施的代码是用什么实现的？它有什么优点？		表述是否正确？			20		
5	用户注册		是否继承了窗口类？			20		
			是否有文本框和标签？					
			能否将数据保存到数据表中？					
小结建议								
建议								
					评定人：（签名）		年 月 日	

学习活动13 以表格显示各房间传感器历史信息

一、学习目标

（1）掌握表格的编程方法。

（2）能够利用表格显示各房间传感器的历史信息。

二、学习描述

创建厨房传感器历史信息查询窗口，以表格方式显示厨房传感器历史信息，如图 4–22 所示。

三、学习准备

查看是否已有以下工具。

（1）Proteus 8.9 软件一套、智能家居系统的电路图一套。

（2）IDEA 家用版或者企业版（Java 程序开发的集成环境）。

（3）64 位的 Java 运行环境 JDK。

四、学习过程

（1）右击 com.sxjdxy.window，新建类 CSesnosrWindowForm，继承窗口类，要求包含按钮、表格，能查询数据表，将数据表的数据显示到表格中。具体如下：

（2）任务 13 的代码中，有如下部分：

```
for(int i=0;i<7;i++)
{
    defaultTableModel1.addColumn(head[i]);
}
```

它完成了什么功能？

还有部分代码如下：

```
ResultSet rs = stmt.executeQuery(sql);
        while ( rs.next() ) {
            vector = new Vector(1,1);
            vector.add(rs.getInt(1)+"");
            vector.add(rs.getString(2));
            vector.add(rs.getString(3));
            vector.add(rs.getString(4));
            vector.add(rs.getString(5));
            vector.add(rs.getString(6));
            defaultTableModel.addRow(vector);
        }
```

它完成了什么功能？

(3) 仿照任务13任务实施的代码实现卧室、卫生间、厨房传感器历史信息的显示。

五、任务评价

任务评价表见表4-23。

表4-23 任务评价表

班级		姓名		学号		日期		年 月 日
序号	评价点					配分	得分	总评
1	类 CSesnosrWindowForm			是否继承了窗口类？				
				是否有按钮和表格？				
				能否从表中读取传感器信息？				
				表格是否有表头和数据？				

2	for(int i =0;i <6;i ++)
	{
	defaultTableModel1.
	addColumn(head[i]);
	}
	以上代码完成了什么功能？
				表述是否正确？		10		

3	ResultSet rs = stmt.
	executeQuery (sql);
	while (rs.next ( )) {
	vector = new Vector
	(1,1);
	vector.add
	(rs.getInt (1) +"");
	vector.add
	(rs.getString (2));
	vector.add
	(rs.getString (3));
	vector.add
	(rs.getString (4));
	vector.add
	(rs.getString (5));
	vector.add
	(rs.getString (6));
	defaultTableModel.
	addRow (vector);
	}
	以上代码完成了什么功能？
				表述是否正确？		10		

续表

班级		姓名		学号			日期	年　月　日
序号		评价点				配分	得分	总评
4	卧室 WSesnosrWindowForm		是否继承了窗口类？			20		A□（86~100） B□（76~85） C□（60~75） D□（<60）
			是否有按钮和表格？					
			能否从表中读取传感器信息？					
			表格是否有表头和数据？					
5	厨房 CSesnosrWindowForm		是否继承了窗口类？			20		
			是否有按钮和表格？					
			能否从表中读取传感器信息？					
			表格是否有表头和数据？					
6	类 WCSesnosrWindowForm		是否继承了窗口类？			20		
			是否有按钮和表格？					
			能否从表中读取传感器信息？					
			表格是否有表头和数据？					
小结 建议								
建议								
					评定人：（签名）		年　月　日	

学习活动14　客厅传感器信息查询及传感器历史信息的同窗口显示

一、学习目标

（1）掌握分割面板的编程方法。

（2）能够完成利用分割面板将客厅传感器信息查询及传感器历史信息同窗口显示的设计。

二、学习描述

利用分割面板将客厅传感器信息查询及传感器历史信息同窗口显示，如图4-25所示。

三、学习准备

查看是否已有以下工具。

（1）Proteus 8.9 软件一套、智能家居系统的电路图一套。

（2）IDEA 家用版或者企业版（Java 程序开发的集成环境）。

（3）64 位的 Java 运行环境 JDK。

四、学习过程

（1）将客厅传感器信息查询的类的父类修改为面板类。

（2）将客厅传感器历史信息显示的类的父类修改为面板类。

（3）用分割面板实现同窗口显示客厅传感器的信息查询及传感器历史信息。

（4）仿照任务 14 任务实施的代码，利用分割面板将卧室、卫生间、厨房传感器信息查询以及传感器历史信息放到同一个窗口中。

五、任务评价

任务评价表见表 4-24。

表 4-24 任务评价表

班级		姓名		学号			日期	年　月　日
序号		评价点				配分	得分	总评
1	类 KUiTabbedPanel		是否继承了窗口类？			25		A□（86~100） B□（76~85） C□（60~75） D□（<60）
			是否实现了分割面板的功能？					
2	类 WUiTabbedPanel		是否继承了窗口类？			25		
			是否实现了分割面板的功能？					
3	类 WCUiTabbedPanel		是否继承了窗口类？			25		
			是否实现了分割面板的功能？					
4	类 CUiTabbedPanel		是否继承了窗口类？			25		
			是否实现了分割面板的功能？					
小结建议								
建议								
					评定人：（签名）			年　月　日

学习活动 15　客厅温度传感器历史曲线的显示

一、学习目标

(1) 掌握绘图的编程方法。
(2) 能够利用绘图和线程将客厅传感器历史信息用曲线绘制到窗口中。

二、学习描述

利用绘图和线程将客厅传感器历史信息用曲线绘制到窗口中，如图 4-28 所示。

三、学习准备

查看是否已有以下工具。

(1) Proteus 8.9 软件一套、智能家居系统的电路图一套。
(2) IDEA 家用版或者企业版（Java 程序开发的集成环境）。
(3) 64 位的 Java 运行环境 JDK。

四、学习过程

（1）右击 com. sxjdxy. window，新建类 KSesnosrWindowLine，继承窗口类和线程接口，用线程实现温湿度历史曲线的绘制。

（2）仿照任务 15 任务实施的代码利用绘图和线程将卧室、卫生间、厨房传感器历史信息以曲线绘制到窗口中。

五、任务评价

任务评价表见表 4-25。

表 4-25 任务评价表

班级		姓名		学号			日期	年 月 日
序号		评价点				配分	得分	总评
1	类 KSesnosrWindowLine		是否通过线程实现？			25		A□ （86~100） B□ （76~85） C□ （60~75） D□ （<60）
			能否绘制温/湿度曲线？					
2	类 WSesnosrWindowLine		是否通过线程实现？			25		
			能否绘制温/湿度曲线？					
3	类 WCSesnosrWindowLine		是否通过线程实现？			25		
			能否绘制温/湿度曲线？					
4	类 CSesnosrWindowLine		是否通过线程实现？			25		
			能否绘制温/湿度曲线？					
小结 建议								
建议								
					评定人：（签名）		年 月 日	

学习活动16　用菜单组合各房间传感器的所有功能

一、学习目标

（1）掌握菜单的编程方法。
（2）能够利用菜单组合各房间传感器的所有功能。

二、学习描述

利用菜单组合各房间传感器的所有功能，如图4-30所示。

三、学习准备

查看是否已有以下工具。
（1）Proteus 8.9软件一套、智能家居系统的电路图一套。
（2）IDEA家用版或者企业版（Java程序开发的集成环境）。
（3）64位的Java运行环境JDK。

四、学习过程

（1）右击com.sxjdxy.window，新建类SensorWindow，继承窗口类，通过菜单将厨房、卫生间、卧室、客厅、厨房传感器历史曲线组合在一起。

（2）右击com.sxjdxy.window，新建类SensorWindow，继承窗口类，通过菜单将厨房、卫生间、卧室、客厅的风扇开关组合在一起。

五、任务评价

任务评价表见表4-26。

表4-26　任务评价表

班级		姓名		学号		日期	年　月　日
序号	评价点				配分	得分	总评
1	类SensorWindow		能否通过菜单显示？		50		A□（86~100） B□（76~85） C□（60~75） D□（<60）
1	类SensorWindow		执行菜单命令能否进入相应功能？		50		A□（86~100） B□（76~85） C□（60~75） D□（<60）
2	利用菜单组合各室风扇的开关		能否通过菜单显示？		50		A□（86~100） B□（76~85） C□（60~75） D□（<60）
2	利用菜单组合各室风扇的开关		执行菜单命令能否进入相应功能？		50		A□（86~100） B□（76~85） C□（60~75） D□（<60）

续表

班级		姓名		学号			日期	年 月 日
序号			评价点			配分	得分	总评
小结建议								
建议					评定人：（签名）			年 月 日

学习活动 17　用工具栏将各房间灯/风扇/传感器组合

一、学习目标

（1）掌握工具栏的编程方法。

（2）能够利用工具栏将各房间灯/风扇/传感器组合在一起。

二、学习描述

利用工具栏将各室将各房间灯/风扇灯/传感器组合在一起，如图 4-32 所示。

三、学习准备

查看是否已有以下工具。

（1）Proteus 8.9 软件一套、智能家居系统的电路图一套。

（2）IDEA 家用版或者企业版（Java 程序开发的集成环境）。

（3）64 位的 Java 运行环境 JDK。

四、学习过程

（1）右击 com.sxjdxy.window，新建类 HomeWindow，继承窗口类，要求有 3 个工具按钮，将这 3 个工具按钮添加到工具栏类对象中，并通过动作监听打开灯、风扇、传感器的相应类。

（2）仿照任务 17 任务实施的代码将各房间灯的功能用工具栏实现。

五、任务评价

任务评价表见表 4-27。

表 4-27 任务评价表

班级		姓名		学号		日期	年 月 日
序号	评价点				配分	得分	总评
1	类 HomeWindow		创建的工具栏类对象是否添加了灯、风扇、传感器 3 个按钮对象？		50		A□（86~100） B□（76~85） C□（60~75） D□（＜60）
			单击相应按钮是否可以打开相应的窗口？				
2	利用菜单组合各室风扇的开关		创建的工具栏类对象是否添加了灯、风扇、传感器 3 个按钮对象？		50		
			单击相应按钮是否可以打开相应的窗口？				
小结建议							
建议							

评定人：（签名） 年 月 日

学习活动 18 网络服务器端的设计

一、学习目标

（1）掌握服务器端套接字的编程方法。

（2）能够利用套接字设计网络服务器端。

二、学习描述

利用套接字设计网络服务器端，如图 4-34 所示。

三、学习准备

查看是否已有以下工具。

（1）Proteus 8.9 软件一套、智能家居系统的电路图一套。

（2）IDEA 家用版或者企业版（Java 程序开发的集成环境）。

（3）64 位的 Java 运行环境 JDK。

四、学习过程

(1) 新建包 com. sxjdxy. tcp，右击包 com. sxjdxy. tcp，新建类 MyTcp，要求创建服务器端口号为 8998，等待客户端的连接，根据客户端的连接执行相应的功能。

(2) 将主类的主方法中的内容修改为 "new MyTcp( ). getServer( );"，运行主类，即可得到图 4 – 36 所示的结果。

五、任务评价

任务评价表见表 4 – 28。

表 4 – 28　任务评价表

班级		姓名		学号			日期	年　月　日
序号	评价点				配分	得分	总评	
1	类 MyTcp	包 com. sxjdxy. tcp 是否正确？			20		80	A□（86~100） B□（76~85） C□（60~75） D□（<60）
		实例化网络服务器端套接字时设置的端口号是否是 8998？			20			
		是否有等待客户端连接的功能？			20			
		能否根据客户端的连接执行所在客户端的功能？			20			
2	类 Main	是否有 "new MyTcp( ). getServer( );" 语句？			20	20		
小结 建议								
建议						评定人：(签名)		年　月　日

学习活动 19　客户端的设计

一、学习目标

（1）掌握客户端套接字的编程方法。
（2）掌握边布局、流布局、空布局和网格布局的编程方法。
（3）能够利用套接字设计客户端。

二、学习描述

利用套接字设计客户端，如图 4-35 所示。

三、学习准备

查看是否已有以下工具。
（1）Proteus 8.9 软件一套、智能家居系统的电路图一套。
（2）IDEA 家用版或者企业版（Java 程序开发的集成环境）。
（3）64 位的 Java 运行环境 JDK。

四、学习过程

右击包 com.sxjdxy.tcp，新建类 MyClint，要求具有滚动面板，滚动面板有提示文字，代码片断如下。

```
"0,开厨房灯,1,关厨房灯,2,开卫生间灯,3,关卫生间灯," +"\n"+"4,开客厅灯,5,关客厅灯,6,开卧室灯,7,关卧室灯," +"\n"+"8,开厨房风扇,9,关厨房风扇,10,开卫生间风扇,11,关卫生间风扇," +"\n"+"12,开客厅风扇,13,关客厅风扇,14,开卧室风扇,15,关卧室风扇," +"\n"
```

可以在文本框中输入命令，并根据输入的命令和网络服务器端套接字连接，构建窗口，并提示"向服务器发送数据"。

五、任务评价

任务评价表见表4-29。

表4-29 任务评价表

班级		姓名		学号			日期	年 月 日
序号			评价点			配分	得分	总评
1	类 MyClint	是否在 com.sxjdxy.tcp 上创建类？				15		A□（86~100） B□（76~85） C□（60~75） D□（<60）
		是否有滚动面板？				15		
		滚动面板是否添加了文本框和文本域？				15		
		文本框和文本域是否增加了监听？				15		
		文本框的两个监听分别是什么监听？				15		
		连接服务器的方法是什么？是如何连接服务器的？				25		
小结建议								
建议								
						评定人：（签名）		年 月 日

学习活动20 注册/登录界面的实现

一、学习目标

（1）掌握窗口、面板、标签、图像、按钮的编程方法。
（2）能够设计注册/登录界面及其功能。

二、学习描述

设计实现智能家居系统的注册/登录界面及其功能，如图4-39所示，要求当用户没有输入用户名时，提示"用户名不能为空！"，当用户没有输入密码时，提示"密码不能为空！"，当用户输入的用户名或者密码错误时，提示"用户名/密码错误！"，如果用户输入的用户名和密码正确，进入单机版和网络版选择界面。

三、学习准备

查看是否已有以下工具。
（1）Proteus 8.9 软件一套、智能家居系统的电路图一套。

（2）IDEA 家用版或者企业版（Java 程序开发的集成环境）。

（3）64 位的 Java 运行环境 JDK。

四、学习过程

（1）新建包 com. sxjdxy. login，右击包 com. sxjdxy. login，新建类 UserData，要求具有可以创建用户登录信息的数据表，具有查询登录信息数据表的功能，并根据查询的结果给出查询状态，当用户注册时可以将用户信息存入用户信息数据表。具体如下：

（2）右击包 com. sxjdxy. login，新建类 LoginUIP，要求当用户姓名为空时返回"1"，当密码信息为空时返回"2"，当用户信息正确时返回"4"，当用户信息不正确时返回"3"，具体如下：

（3）右击包 com. sxjdxy. login，新建类 Login，要求创建登录信息窗口，包含用户名输入、密码输入、注册和登录功能，具体如下：

（4）右击包 com. sxjdxy. login，新建类 Welcome，要求自动获取屏幕的宽度和高度，设置窗口位置为屏幕中央，具体如下：

五、任务评价

任务评价表见表 4-30。

表 4-30 任务评价表

班级		姓名		学号			日期	年 月 日
序号		评价点				配分	得分	总评
1	类 UserData	是否具有查询登录信息数据表的功能？				32		
		能否根据查询的结果给出查询状态？						
		当用户注册时是否可以将用户信息存入用户信息数据表？						
		创建用户登录信息数据表						
2	类 LoginUIP	当用户姓名为空时是否返回"1"？				32		
		当密码信息为空时是否返回"2"？						
		当用户信息正确时是否返回"4"？						
		当用户信息不正确时是否返回"3"？						

续表

班级		姓名		学号			日期	年　月　日
序号			评价点			配分	得分	总评
3	类 Login	是否创建了登录信息窗口？				32		A□（86~100） B□（76~85） C□（60~75） D□（<60）
		登录信息窗口是否包含用户名输入、密码输入功能？						
		登录信息窗口是否包含注册功能？						
		登录信息窗口是否包含登录功能？						
4	类 Welcome	是否能自动获取屏幕的宽度和高度？				4		
		是否设置窗口位置为屏幕中央？						
小结 建议								
建议								
					评定人：(签名)			年　月　日

学习活动 21　单机版与网络版选择界面的设计

一、学习目标

（1）掌握事件及事件监听的编程方法。

（2）能够设计单机版与网络版选择界面及其功能。

二、学习描述

设计单机版与网络版选择界面，如图 4-45 所示，要求单击"启动服务器"按钮，进入网络版智能家居系统，单击"启动单机版"按钮，进入单机版智能家居系统。

三、学习准备

查看是否已有以下工具。

（1）Proteus 8.9 软件一套、智能家居系统的电路图一套。

（2）IDEA 家用版或者企业版（Java 程序开发的集成环境）。

（3）64 位的 Java 运行环境 JDK。

四、学习过程

右击包 com. sxjdxy. login，新建类 Select，要求窗口包含 2 个按钮，增加动作监听。具体如下：

五、任务评价

任务评价表见表 4 - 31。

表 4 - 31　任务评价表

班级		姓名		学号			日期	年　月　日
序号		评价点				配分	得分	总评
1		是否新建了类 Select？				25		A□（86~100） B□（76~85） C□（60~75） D□（<60）
2		窗口是否包含 2 个按钮？				25		
3		2 个按钮是否增加了动作监听？				25		
4		能否启动服务器版和单机版智能家居系统？				25		
小结 建议								
建议								
					评定人：（签名）			年　月　日

参 考 文 献

［1］郭学会. Java 程序设计项目化教程［M］. 北京：国防工业出版社，2013.
［2］周雯. Java 物联网程序设计基础［M］. 北京：机械工业出版社，2019.
［3］李刚. Java 讲义［M］. 北京：电子工业出版社，2011.
［4］孙一林，彭波. Java 程序设计案例教程［M］. 北京：机械工业出版社，2016.
［5］钱银中. Java 程序设计案例教程［M］. 北京：机械工业出版社，2009.
［6］郭学会，林都. 烟雾环境下人员逃生行为仿真研究［D］. 太原：中北大学，2011.
［7］郭学会. 基于遗传算法的提高排课满意度的研究［J］. 电脑知识与技术（学术交流），2007，09.
［8］郭学会. 计算机遗传病毒运作模式剖析［J］. 计算机应用与软件，2008，08.
［9］郭学会. 基于遗传算法的虚拟物体变形研究［J］. 计算机应用与软件，2008，08.